AKADEMIE DER WISSENSCHAFTEN DER DDR

ATLAS DER VERBREITUNG PALAEARKTISCHER VÖGEL

Begründet von

E. STRESEMANN, Berlin, und L. A. PORTENKO, Leningrad

8. LIEFERUNG

Herausgegeben von

H. DATHE, Berlin, und I. A. NEUFELDT, Leningrad

Bearbeitet von

W. M. LOSKOT, I. A. NEUFELDT, E. v. VIETINGHOFF-SCHEEL, K. WUNDERLICH

Mit 10 zweifarbigen Verbreitungskarten

AKADEMIE-VERLAG · BERLIN

1980

Aus der Forschungsstelle für Wirbeltierforschung (im Tierpark, Berlin)
der Akademie der Wissenschaften der DDR

Erschienen im Akademie-Verlag, DDR-1080 Berlin, Leipziger Straße 3–4

Lizenznummer: 202 · 100/548/80

Gesamtherstellung: VEB Druckerei „Thomas Müntzer", 5820 Bad Langensalza

Bestellnummer: 762 631 8 (3034/8) · LSV 1375

Printed in GDR

DDR 30,– M

INHALT DER 8. LIEFERUNG

VORWORT ZUR 8. LIEFERUNG

. Auch für diese Lieferung wurde uns freundliche Unterstützung von verschiedener Seite zuteil. Besonderer Dank gebührt Dr. M. ABS (Bochum) S. W. JELSUKOW (Ternej), A. M. GYNGAZOW (Tomsk), Dr. A. HEYMER (Brunoy), N. L. KLESTOW (Kiew), E. N. KUROTSCHKIN (Moskau), W. W. LEONOWITSCH (Moskau), R. I. MALYSCHEWSKI (Leningrad), S. P. MILOWIDOW (Tomsk), S. S. MOSKWITIN (Tomsk), A. A. NAZARENKO (Wladiwostok), J. N. NAZAROW (Wladiwostok), J. B. PUKINSKIJ (Leningrad), G. E. ROSLJAKOW (Chabarowsk), R. T. SAUEY (Baraboo), J. B. SCHIBNEW (Primorskaja), F. S. STOLBOWA (Leningrad) und S. W. WINTER (Leningrad).

Die Verbreitungskarten zeichnete dankenswerterweise und wie stets zuverlässig Frau Ingeborg WILCZOK (Berlin).

Bereits im Vorwort zur 5. Lieferung (1976) war darauf hingewiesen worden, daß wir zur Vielfalt der Beziehungen behandelter Arten zu ihren Lebensräumen künftig auch gesondert publizieren würden. Analog werden wir mit neuesten Erhebungen zu wichtigen peripher gelegenen Vorkommen, die noch nicht in unser Kartenwerk aufgenommen worden sind, verfahren. Dies wird in Form ergänzender (numerierter) Mitteilungen geschehen. Begonnen wurde mit: Wunderlich, K. (1979): Zum Brüten von *Luscinia megarhynchos* in Palästina. Beitr. Vogelk. 25, 359. v. Vietinghoff-Scheel, E. (1979): *Oenanthe isabellina* (Temminck). Beitr. Vogelk. 25.

Erika v. VIETINGHOFF-SCHEEL　　Klaus WUNDERLICH

Berlin, im Dezember 1977

VIII

1980

Montifringilla ruficollis Blanford

bearbeitet von

E. v. Vietinghoff-Scheel

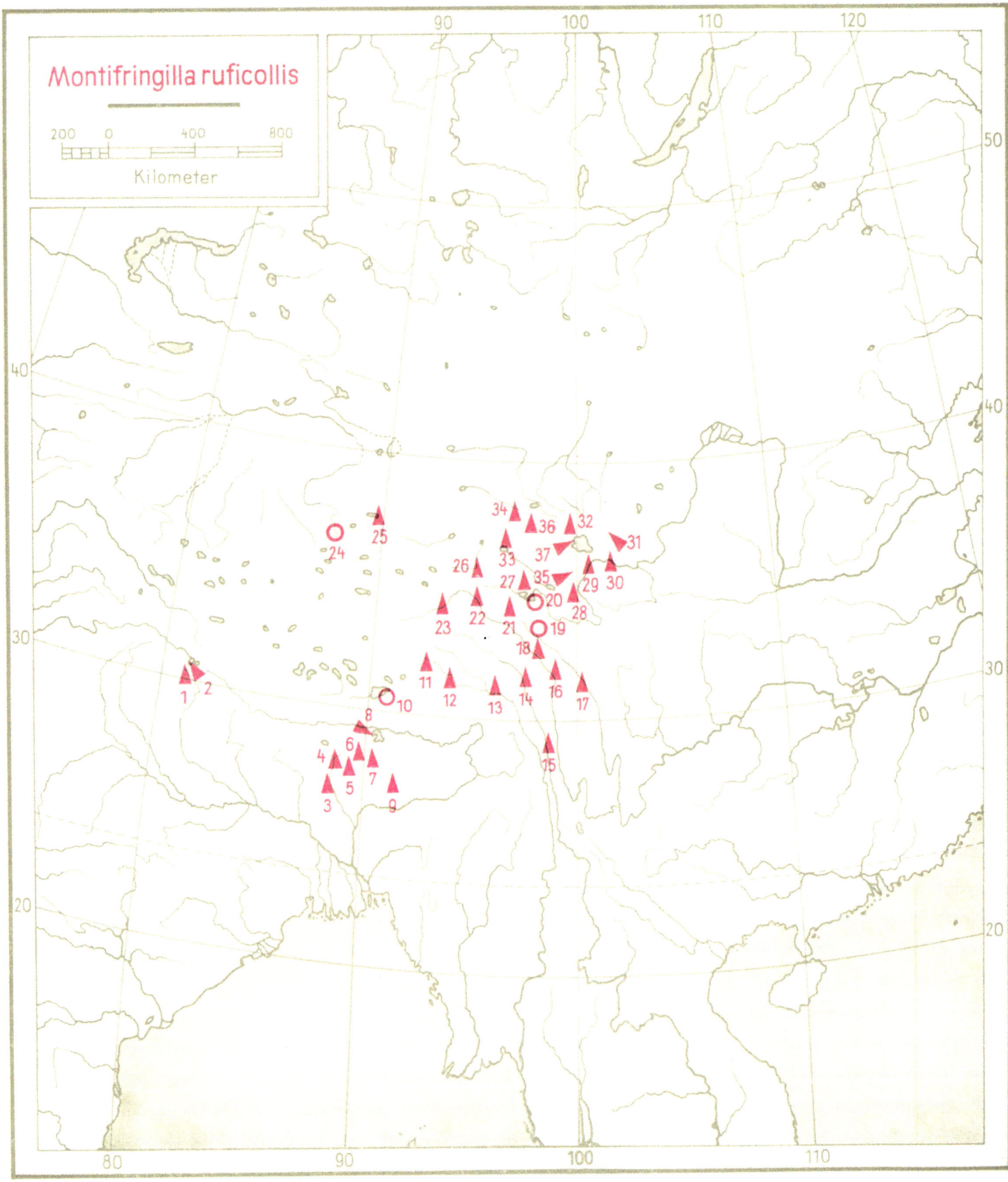

Montifringilla ruficollis
200 0 400 800
Kilometer
90 100 110 120
50 40 30 20
80 90 100 110
1 2 3 4 5 6 7 8 9 10 11 12 13 14 15 16 17 18 19 20 21 22 23 24 25 26 27 28 29 30 31 32 33 34 35 36 37

FUNDORTLISTE

1.	Gyanima	ANJc	Ali 1946
2.	Lejandak	ANJc	Ali 1946
–	Kyangma	ANJc	Ali 1946
3.	Natu La (21. XII.)		Meinertzhagen 1927
4.	Khamba La-Paß	AJc	Walton 1906
–	Tuna (3.–23. II., 16. III.)		Walton 1906
–	Lachen-Tal (Tibet. Grenze)	A	Blanford 1871
5.	Phari	Aa	Maclaren 1948
	(27. I.)		Walton 1906
–	zw. Kala u. Phari	a	Ludlow 1928
–	Hram Tso (6. II.)		Maclaren 1948
	(28. IX.)		Ludlow u. Kinnear 1937
6.	Gyantse-Ebene (Winter)		Ludlow 1928
7.	Pomo Tso (10. IX.)	c	Ludlow u. Kinnear 1937
8.	Yam Dok Cho	AJc	Walton 1906
–	Karo La-Paß	AJc	Walton 1906
–	Nangkartse	A	Schäfer unveröffentl.
–	Pede	A	Schäfer unveröffentl.
9.	Tsona (17. X.)	c	Ludlow 1944
10.	Namtso (= Tengri-nor; II.)		Oustalet 1894
11.	Tan-la Gebirge	A	Deditius 1886
12.	So (14. IV.)		Oustalet 1894
13.	Seresoumdo		Oustalet 1894
14.	Oberlauf des Ge-tschju (11.–13. III.)		Bianchi 1907a
15.	Bamutang (1. X.)		Jacobi 1922
16.	Dsogchen	A	Schäfer 1938
17.	Kansego (= Kanze; 2. XII.)		Jacobi 1922
18.	Seshu (Lager 61; 25. II.)		Schäfer u. Meyer de Schauensee 1939
–	Lager 60	A	Schäfer 1938
19.	Gebiet der linken nördl. Nebenflüsse d. Dza-tschju	A	Bianchi 1907a
20.	Orin-nur (= Noring-nor)	A	Bianchi 1907a
21.	Lager 107 (Kiangsteppe von Lager 60 N bis Lager 107)	A	Schäfer 1938
22.	Lager 117	AJ	Schäfer u. Meyer de Schauensee 1939
23.	Lager 124	A	Schäfer 1938
24.	Quellgebiet d. Tschert-chen-Darja	A	Stegmann 1932
25.	Vallis Ventorum (= Tal der Winde)		Coll. Zool. Inst. Leningrad
26.	Schuga-Fluß (Ende IX.)		Deditius 1886
27.	Nordhang d. Burchan-Budda-Gebirges	A	Bianchi 1907a
28.	Plateau zw. Sjan-si-bei u. Dalasun-Gobi	A	Deditius 1886
29.	SE-Kuku-nor (17. u. 18. IX.)		Bianchi 1915
30.	Schala-choto (Alpen um Ssining)	A	Pleske 1892
–	40 Meilen W Sining	A	Riley 1930
31.	Ju-nan-tschen u. Boschu-chosa (Tetung-Fluß)	A	Pleske 1892
32.	Quellgebiet d. Tetung (X.)	A	Prshewalskij 1876
33.	Toson-nor (= Kurlyk n. Stegmann?)		fide Vaurie 1972 u. Stegmann 1932
34.	Yamatin-Umru	J	Coll. Zool. Inst. Leningrad
35.	Fluß Tschurmyn (I).		Coll. Zool. Inst. Leningrad
–	Sjan-si-bej	A	Coll. Zool. Inst. Leningrad
36.	Garban-Angyr-Gol (VIII., IX.)		Coll. Zool. Inst. Leningrad
37.	NW Ufer Kuku-nor (IV.)		Coll. Zool. Inst. Leningrad

LITERATUR

Ali — J. Bombay Nat. Hist. Soc. 46, 301.

Bianchi 1907a — Aves Exped. Kozlowi Mongol., Tibet orient. St. Pétersb. 24–25.

Bianchi 1907b — Ann. Mus. Zool. St.-Pétersb. 12, 555–bis 597.

Bianchi 1915 — Ann. Mus. Zool. Petrograd 20, 29.

Blanford 1871 — Proc. Asiat. Soc. Bengal, 227.

Deditius 1886 — J. Orn. 34, 532; 536.

Jacobi 1922 — Abh. Mus. Tierk. Völkerk. Dresden 16, 30.

Kozlowa 1950 — Pamjati Suschkina. Moskwa-Leningr. 209–214.

Kozlowa 1975 — Pticy zonaln. stepej i pust. Zentr. Asii. Leningrad. 102.

Ludlow 1928 — Ibis (12) 4, 66.

Ludlow 1944 — Ibis 86, 359.

Ludlow u. Kinnear 1937 — Ibis (14) 1, 477.

Maclaren 1948 — Ibis 90, 202.

Mayr 1927 — J. Orn. 75, 596–619.

Meinertzhagen 1927 — Ibis (12) 3, 389.

Oustalet 1894 — Nouv. Arch. Mus. Hist. nat. Paris (3) 6, 28.

Pleske 1892 — Mélang. Biol. Bull. Acad. Sci. St.-Pétersb. 13/2, 281.

Portenko 1960 — Pticy SSSR. Moskwa-Leningrad. 4, 233–235.

Prshewalskij 1876 — Mongolei u. Land Tanguten. St.-Pétersb. 2, 85–86.

Riley 1930 — Proc. Unit. States Nat. Mus. 77, Art. 15, 35.

Schäfer 1938 — J. Orn. (SH.) 86, 314–316.

Schäfer u. Meyer de Schauensee 1939 — Proc. Acad. Nat. Sci. Philadelphia 40, 253.

Stegmann 1932 — J. Orn. 80, 103–104.

Vaurie 1959 — Birds palearct. Fauna. Passeriformes. London. 590.

Vaurie 1972 — Tibet and its Birds. London. 322.

Walton 1906 — Ibis (8) 6, 231.

Briefliche Auskunft erteilte Neufeldt (Sammlungs-Exemplare Leningrad).

Montifringilla ruficollis Blanford

Rosthalsschneefink

Verwandtschaft

Mit *Montifringilla taczanowskii* (Przewalski), *M. davidiana* (Verreaux), *M. theresae* Meinertzhagen und *M. blanfordi* Hume bildet *M. ruficollis* Blanford eine verwandtschaftliche Gruppe.

Während wir uns in unserer Arbeit an das System Vauries (1959) anlehnen, praktizieren sowjetische Spezialisten die Aufteilung der Gattung *Montifringilla* in „Untergattungen", was der Vollständigkeit halber nicht unerwähnt bleiben soll. Kozlowa (1950, 1975) und Portenko (1960) folgen der Ansicht Bianchis (1907b), indem sie *ruficollis, blanfordi, taczanowskii, theresae* und *davidiana* in der Gattung *Pyrgilauda* (= Erdsperlinge) vereinen. — Kozlowa (1950) z.B. teilt die Gattung der Schneefinken in 3 Untergattungen ein:

Pyrgilauda (5 Arten; s. o.)
Onychostrutus (1 Art) = Erdsperlinge. Vögel der Steppen und Halbwüsten.
Montifringilla (4 Arten) = Schneefinken. Vögel der Gebirge.

Weiteres zur Systematik der Schneefinken bei Mayr (1927).

Gliederung und Verbreitung

Zwei Unterarten: 1. *Montifringilla ruficollis ruficollis* Blanford von Nord-Sikkim und dem Tibetischen Plateau, Nord-Sikang, Tsinghai nördlich des Burchan-Budda-Gebirges, Tossin-Nor, östlich bis zum Kuku-Nor und Süd-Nan-Shan, und 2. die von Stegmann (1932) nach einem von Przewalski zwischen Tschamen-tagh und Zaidam-Gebirge im Jahre 1884 erlegten Exemplar beschriebene *M. ruficollis isabellina*. Diese blassere, auf der Oberseite fahlgrau mit isabellgelblichem Anflug getönte Form ist im Quellgebiet des Tschertchen-Darja sowie im westlichen Teil des Humboldt-Gebirges verbreitet.

Oekologie

Im Rosthalsschneefink finden wir einen weiteren echten Vertreter der tibetischen Ornis, der in seinem Verbreitungsgebiet, abgesehen von geringfügigen Horizontalwanderungen, als Standvogel in Höhen bis ungefähr 4700 m vorkommt. Sein Lebensraum liegt somit höher als der von *Montifringilla taczanowskii*, mit dem er als Leitform der hochtibetischen Nagersteppengebiete fungiert, wird aber nach oben hin von *M. nivalis, Leucosticte nemoricola* und *L. brandti* abgelöst. Charakteristisch ist seine Bindung an den Steppennager *Ochotona melanostoma*, dessen Erdhöhlen als Brutunterkunft benutzt werden. Ob diese strenge Spezialisierung immer eingehalten wird, oder ob nicht ebenso gut Felsnischen einen gleichwertigen Ersatz bieten, läßt Schäfer (1938) dahingestellt sein. Nach seinen Beobachtungen liebt der Rosthalsschneefink einen aufgelockerten Landschaftscharakter, z.B. Hügelsteppen, lang gedehnte Grashänge, von Erosionstälchen scharf durchschnitten, Erdfälle, von kleinen Felsen unterbrochen, abschüssige Steilufer an Steppenflüssen, *Ochotona*-Kahlfraßstellen, Schuttplätze nahe menschlicher Ansiedlungen. In seinem Beobachtungsgebiet fand Weigold (Jacobi 1922) *ruficollis* zu Tausenden in kleinen Familienverbänden vor. Auch Walton (1906) beeindruckte die auffallende Häufigkeit der Vögel, die er zusammen mit *Montifringilla blanfordi* vorfand. Erstaunlich sei, daß an besonders öden Plätzen, wie z.B. bei Tuna (P. 4 —), genügend Futter vorhanden ist, um in strengen Wintern die Vogelmassen bei guter Kondition zu halten. Im gesamten Verbreitungsraum dürfte die Brutzeit in die Monate Mai bis Juli fallen. Bei Tang La trugen am 17. Mai die Vögel Nistmaterial zusammen; südlich Phari traten sie weit verbreitet gepaart am 18. Mai auf. Nach Mitteilung tibetischer Einwohner aus der Gegend um Gyantse (P. 6) erfolgt die Eiablage im Mai und Juni (Ludlow 1928). — In Süd-Tibet scheint die Brut stellenweise schon früher abgeschlossen zu sein, da Walton (l. c.) bereits viele Flüge von Jungvögeln am Yam Dok Cho und den Pässen Karo-La und Khamba-La beobachten konnte. — Am Manasarowa-See, dem westlichsten Fund der Verbreitung, wurden noch nicht flugfähige Jungtiere Ende Juni von ihren Eltern gefüttert, während andere Altvögel verschiedentlich noch Nistmaterial zusammentrugen (Ali 1946). Zweitbruten sind nicht bekannt.

VIII

1980

Montifringilla theresae Meinertzhagen

bearbeitet von

E. v. Vietinghoff-Scheel

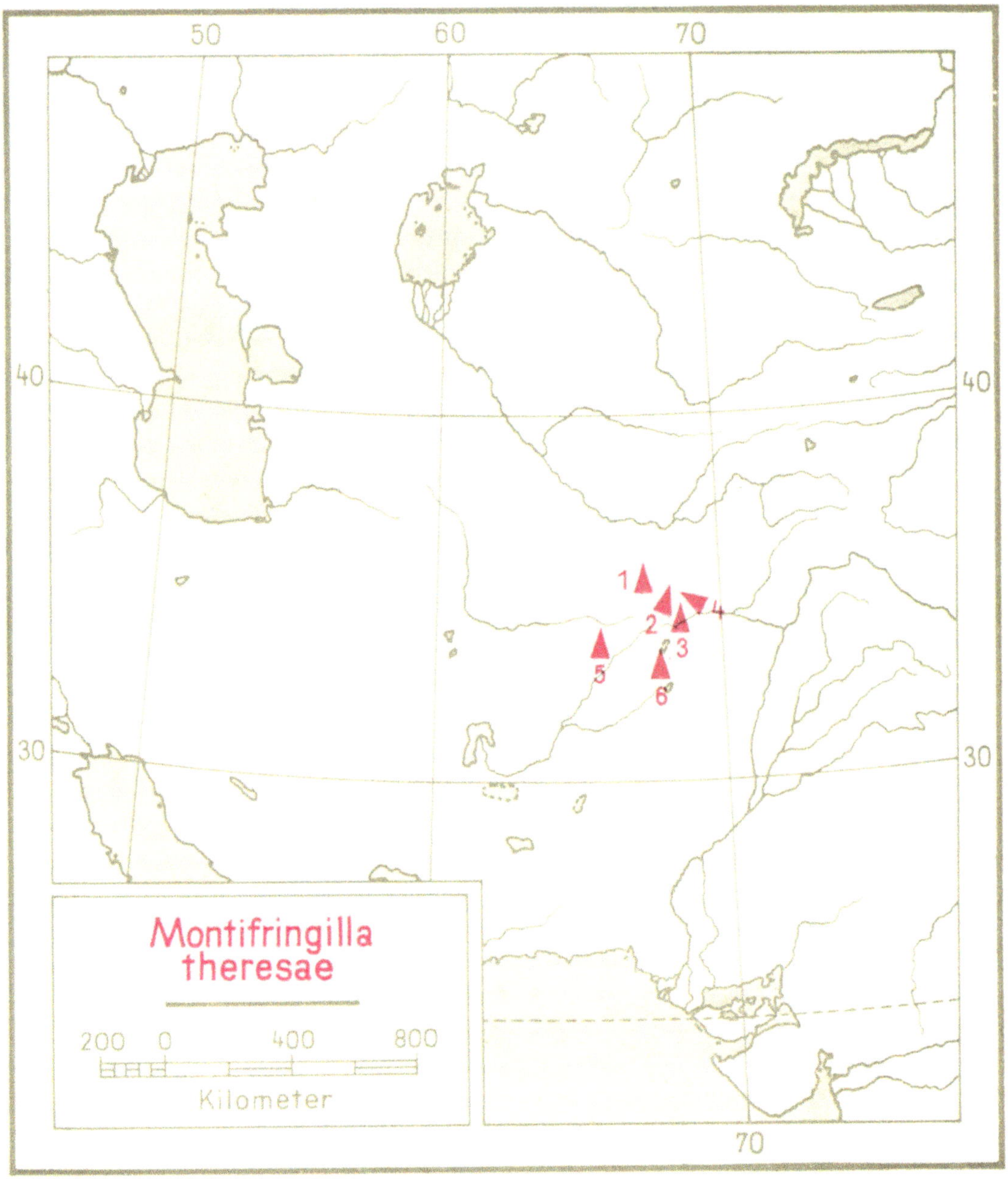

FUNDORTLISTE

Fundort		Quelle
1. Sabz-Paß (28. VIII.)		Vaurie 1949
2. Bamian	A	Meinertzhagen 1937, 1938
		Paludan 1959
3. Shibar-Paß	B	Meinertzhagen 1937, 1938
		Paludan 1959
4. Unai Kotal	A	Paludan 1959
5. Koh-i-Baba (7. VIII.)		Vasić 1974
— Sia-Koh (8. VIII.)		Vasić 1974
6. Dash-i-Nawar	N	Niethammer 1967
	NJ	Aichhorn 1970

LITERATUR

AICHHORN 1970 — Ber. Naturwiss.-med. Ver. Innsbruck 58, 348.

BELSKAJA u. SUCHININ 1964 — Izw. Akad. nauk Turkmen. SSR, ser. biol., 3, 85–87.

DEMENTJEW u. SUDILOWSKAJA 1951 — Izw. Turkmen. Fil. Akad. nauk SSSR 2, 91–92.

KOZLOWA 1950 — Pamjati Suschkina. Moskwa-Leningrad. 209–214.

MEINERTZHAGEN 1937 — Bull. Brit. Orn. Cl. 58, 10.

MEINERTZHAGEN 1938 — Ibis (14) 2, 506.

NIETHAMMER 1967 — Ibis 109, 117.

PALUDAN 1959 — Vidensk. Medd. Dansk nat. hist. Foren. 122, 281.

RUSTAMOW u. SUCHININ 1957 — Izw. Akad. nauk Turkmen. SSR 4, 75.

VASIĆ 1974 — Alauda 42, 276.

VAURIE 1949 — Amer. Mus. Novit. 1406, 30.

Briefliche Auskunft erteilte NEUFELDT (Turkmenien).

Montifringilla theresae Meinertzhagen

Afghanen-Schneefink

Gliederung und Verwandtschaft

Die Art ist monotypisch und wurde erst 1937 entdeckt und beschrieben (MEINERTZHAGEN 1937). Verwandtschaftliche Beziehungen bestehen zu *Montifringilla blanfordi* Hume, *M. ruficollis* Blanford (VAURIE 1949) und *M. taczanowskii* (Przewalski) (KOZLOWA 1950).

Verbreitung und Wanderungen

Nach dem bisherigen Stand der Erforschung sind von *Montifringilla theresae* nur die wenigen Fundorte im Hindukusch (nördliches Afghanistan zwischen ungefähr 67 und 69 °E) bekannt.

Spätherbst- und Winterstreifereien führten die Schneefinken nach starken Schneefällen wiederholt über ihr Brutgebiet hinaus bis nach Südturkmenien, wo sie in Badchyz und der Hochebene Karabil in mehr oder weniger großer Anzahl gesichtet und teils erlegt worden sind:

See Er-ajlan-Duz, 11. 12. 48 (DEMENTJEW u. SUDILOWSKAJA 1951), 19. 12. 48 (RUSTAMOW u. SUCHININ 1957). — Brunnen Kara-Baba (110 km E Tachta-Bazar; bis 400 Exemplare!) 26.–30. 11. 59 (BELSKAJA u. SUCHININ 1964). — Brunnen Soltanujuk (100 km N Kara-Baba), 10. 12. 59 (BELSKAJA u. SUCHININ 1964).

Brutbeweise liegen aus der Sowjetunion nicht vor.

Oekologie

Hervorzuheben ist, daß *M. theresae* wie *M. taczanowskii*, *ruficollis* und *blanfordi* Erdbrüter ist und ihre Nester in Höhlen von Kleinnagern oder mitunter in Felsspalten von größerer Tiefe baut. Diese Möglichkeiten bieten die Hochsteppen des Hindukusch: Dasht-i-nawar (ca. 3000 m), Shibar Kotal (2700 m), Unai Kotal (3100 m) und das Shahidan-Tal.

Auf der Hochsteppe Dasht-i-nawar, wo AICHHORN (1970) die Afghanen-Schneefinken eingehend beobachten konnte, lag ihr Aktionsradius bei einer Quelle, umgeben von kahlen Felsen und mächtigen Wanderdünen. Charakteristisch waren die Steppenpflanzen *Acantholimon* und *Astragalus*, die den Vögeln bei großer Hitze als Schattenspender dienten. Ein am 23. Juli entdecktes Nest mit Jungen befand sich in einem Felsloch von mindestens 70 cm Tiefe und somit bestens vor allzugroßer Hitzeeinwirkung geschützt. Ein anderes, sehr voluminöses Nest im Bau von *Citellus fulvus*, ca. 1 m unter der Erdoberfläche, bestand aus Haaren von Murmeltieren, Zieseln, Schafen und Dromedaren sowie aus vielen Federn; es enthielt fünf Junge, die von beiden Eltern gefüttert wurden (NIETHAMMER 1967). Sind die Jungen flugfähig geworden, bilden sie zusammen mit den Altvögeln umfangreiche Schwärme (bis zu 300 Exemplaren) zur Futtersuche. Kleine Samen, wie NIETHAMMER (l. c.) anhand von Kropfanalysen feststellte, und auch Insekten (AICHHORN l. c.) bilden die Nahrungsgrundlage. Von BELSKAJA und SUCHININ (1964) vorgenommene Magenuntersuchungen ergaben einen hohen Prozentsatz an Insekten, vorherrschend dabei Rüsselkäfer und Ameisen. An Pflanzensamen konnten solche von *Carex pachystylis*, *Convolvulus divaricatus* und *Thuspeinantha persica* festgestellt werden.

VIII

1980

Galerida theklae Brehm

bearbeitet von

K. Wunderlich

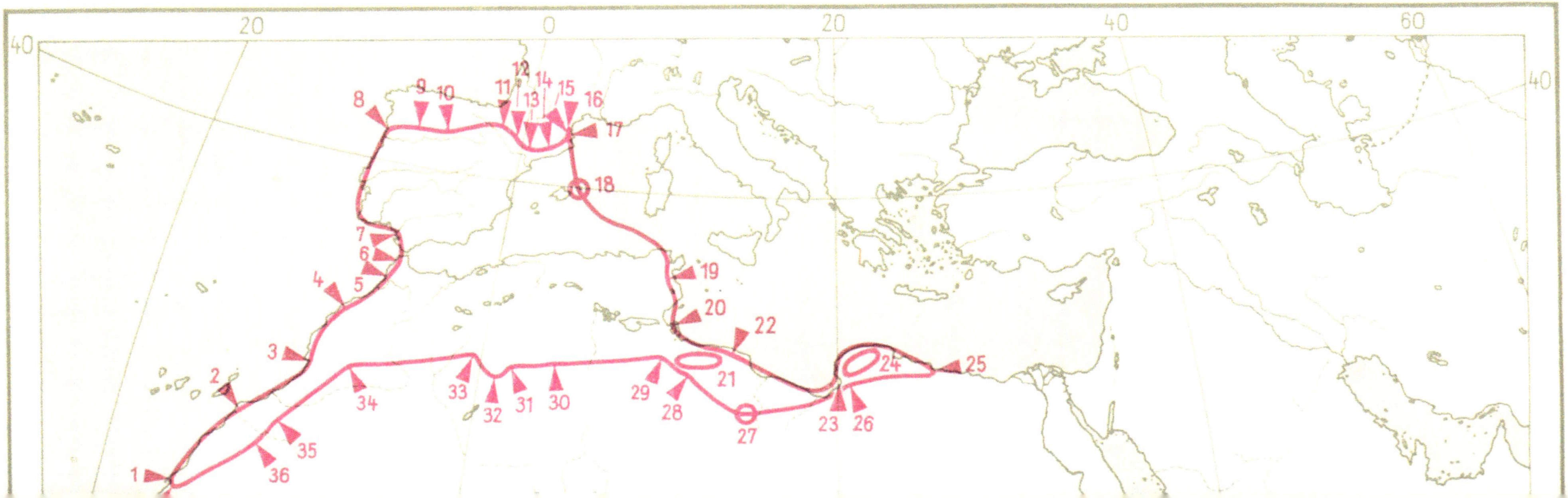

20
0
20
40
60
40
40
1
2
3
4
5
6
7
8
9
10
11
12
13
14
15
16
17
18
19
20
21
22
23
24
25
26
27
28
29
30
31
32
33
34
35
36

Galerida theklae
500 0 500 1000
Kilometer
38
39
40
41
42
43
44
45
46
47
48
49
0
20
40
20
0

FUNDORTLISTE

Nr.	Fundort		Quelle
1.	Villa Cisneros	A	Heim de Balsac 1954
2.	Cabo Juby	N	Valverde 1957
3.	Agadir	A	Heim de Balsac 1954
4.	Mazagan	A	Coll. Mus. Koenig Bonn (fide Abs 1963)
5.	Moulay-Bousselham	A	Ruthke 1966
6.	Tanger	A	Coll. Mus. Berlin
7.	Coto Doñana	N	Valverde 1958
8.	Viana do Castelo	A	Tait 1924
9.	Puebla de Sanabria	N	Abs brfl. 1977
10.	Palencia	A	Abs brfl. 1977
11.	Lerga (SE Pamplona)	A	Cristóbal u. Iribarren 1969
12.	Huesca	N	Abs brfl. 1977
13.	Lerida	N	Niethammer 1955
14.	Manresa	A	Abs brfl. 1977
15.	Fuß d. Albères	AsN	Guichard 1963
16.	Fuß d. Monts Corbières	Bs	Guichard 1963
—	bei Perpignan	B	Oelke et al. 1965
17.	Banyuls sur mer	N	Coll. Zool. Stat. Banyuls (fide Abs 1963)
18.	Menorca	A	Munn 1924
19.	bei Kairouan	A	Steinbacher 1965, Groh 1970
20.	Insel Djerba	B	Jaeckel 1963
21.	Jebel Nafusa	Bc	Bundy 1976
22.	Homs	Bc	Bundy 1976
23.	S Agedabia	A	Steinbacher 1965
24.	Jebel el Akhdar	B	Stanford 1954
25.	Sollum	A	Meinertzhagen 1921, Vaurie 1959
26.	Sheleidima	NJ	Hartert 1923
27.	Jebel Waddan	A	Bundy 1976
28.	Uadi Marsit	A	Moltoni 1934
29.	Dehibat	A	Lavauden 1924
30.	Arefidji	N	v. Zedlitz 1913
31.	Ghardaia	N	Hartert 1913
32.	El Golea	A	Meinertzhagen 1934
33.	Ain Sefra	A	Heim de Balsac 1928
34.	Tazenakht	N	Dorst u. Pasteur 1954
35.	Tafnidilt	N	Dorst u. Pasteur 1954
36.	Semara	N	Valverde 1957
37.	Legtoa	N	Valverde 1957
38.	Provinz Arussi	As	Dorst u. Roux 1973
—	Monts du Balo	Ac	Dorst u. Roux 1972
39.	N Debre Berhan	A	Schüz 1967
—	Termaber-Paß	A	Schüz 1967
40.	Asmara	BJ	Smith 1957
—	See Delia	BJ	Smith 1957
41.	See Ashangi	A	Shelley 1902
42.	W Borama	A	Coll. Meinertzhagen (fide Abs 1963)
43.	Sheikh	A	Coll. Meinertzhagen (fide Abs 1963)
44.	Erigavo	A	Coll. Meinertzhagen (fide Abs 1963)
45.	Gallacaio	A	Moltoni 1933
46.	Dagahbur	A	Elliott 1879
47.	Huri Hills	A	Abs 1963
48.	Umgebung von Marsabit	A	Abs 1973
49.	Merca	A	Coll. Meinertzhagen (fide Abs 1963)

LITERATUR

Abs 1963 — Bonner Zool. Beitr. 14, 1–128.

Bundy 1976 — Birds Libya. London. 56, 90.

Cristóbal u. Iribarren 1969 — Ardeola 13, 258.

Dorst u. Pasteur 1954 — L'Oiseau 24, 266.

Dorst u. Roux 1972 — L'Oiseau 42, 208, 210.

Dorst u. Roux 1973 — L'Oiseau 43, 287–288.

Elliott 1879 — Field Columb. Mus. Publ. 17, 38.

Groh 1970 — Mitt. Pollichia 17, 153.

Guichard 1963 — L'Oiseau 33, 183–184, 188.

Hartert 1913 — Novit. Zool. 20, 45.

Hartert 1923 — Novit. Zool. 30, 11.

Heim de Balsac 1928 — Rev. franç. Orn. 20, 231–232.

Heim de Balsac 1954 — Alauda 22, 159.

Heymer 1967 — Vie et Milieu 18 C, 232–234.

Jaeckel 1963 — Zool. Abh. Ber. Mus. Tierk. Dresden 26, 246–247.

Lavauden 1924 — Oiseaux Tunisie. Paris. 74.

Meinertzhagen 1921 — Ibis 11 (3), 641.

Meinertzhagen 1934 — Ibis 13 (4), 528.

Moltoni 1933 — Atti Soc. Ital. Sci. Nat. 72, 252.

Moltoni 1934 — Atti Soc. Ital. Sci. Nat. 73, 363.

Munn 1924 — Ibis 11 (6), 451.

Niethammer 1955 — J. Orn. 96, 411–417.

Oelke et al. 1965 — Orn. Mitt. 17, 121.

Ruthke 1966 — Bonner Zool. Beitr. 17, 194.

Schüz 1967 — Stuttgarter Beitr. Naturk. 171, 12.

Shelley 1902 — Birds Africa. London. 113.

Smith 1957 — Ibis 99, 315.

Stanford 1954 — Ibis 96, 470, 471.

Steinbacher 1965 — Senckenbergiana Biol. 46, 443–444.

Stenhouse 1921 — Ibis 11 (3), 579.

Tait 1924 — Birds Portugal. High Holborn. 51.

Valverde 1957 — Aves Sahara Español. Madrid. 245.

Valverde 1958 — Brit. Birds 51, 3.

Vaurie 1959 — Birds palearct. Fauna. Passeriformes. London. 50–51.

Wallace 1965 — Brit. Birds 58, 337–341.

v. Zedlitz 1911 — J. Orn. 59, 51–52.

v. Zedlitz 1913 — Novit. Zool. 20, 172.

Briefliche Auskünfte erteilten: Abs (Spanien) und Heymer (Frankreich).

Galerida theklae Brehm

Theklalerche

Verwandtschaft und Gliederung

G. theklae und *G. cristata* stellen Zwillingsarten vor, deren „äußerst enge Verwandtschaft... durch die Morphologie hinreichend gesichert" ist — vgl. ABS 1963. Nach ihm — dessen Prinzipien der Unterartengliederung und Populationsverteilung wir uns zu eigen machen — kann man die Haubenlerche formal als negativ allometrische Theklalerche auffassen. Da dies als Deutung ihrer Evolution annehmbar erscheint, ist deren Gang offensichtlich von einer *theklae*-ähnlichen Stammform zur „spezialisierten" *cristata* abgelaufen.

ABS (1963) gruppiert die Unterarten von *G. theklae* folgendermaßen: 1. Europäer, 2. Atlasländer-Gruppe, 3. Ostafrikaner (Spezialkarte aller subspezifischen Areale ibid., p. 77).

Zur Europäer-Gruppe gehören *G. th. theklae* Brehm und *G. th. polatzeki* Hartert.

Atlasländer-Gruppe: *G. th. ruficolor* Whitaker (3 Populationen unterscheidbar — topotypische „*ruficolor*", „*erlangeri*" und „*harterti*" — l. c., p. 72), *G. th. superflua* Hartert, *G. th. theresae* Meinertzhagen, *G. th. cyrenaicae* Whitaker.

Ostafrikaner: *G. th. praetermissa* (Blanford), *G. th. elliotti* Hartert und *G. th. huriensis* Benson.

Laut VAURIE (1959) ist die geographische Variation stark klinal. Die Populationen werden von Spanien südwärts durch Nord- und Westmarokko bis Rio de Oro zunehmend dunkel und rötlich getönt. Diejenigen der Küstenregionen Algeriens und Tunesiens ähneln denen der atlantischen Bereiche Zentralmarokkos — sie werden zusehends fahler und sandfarben, je weiter im Inneren Marokkos angesiedelt bzw. durch Algerien und Tunesien zur nördlichen Sahara gehend. Der Größenklin der Flügellänge verläuft an der Küste im allgemeinen von Ost nach West, am Sahara-Nordrand von West nach Ost.

Zur Verbreitung

VOOUS (1965) charakterisiert *G. theklae* als lückenhaft und in beschränktem Umfang südwestpaläarktisch und äthiopisch verbreitet, zwischen den Juli-Isothermen von 18 ° und 32 °C in Mittelmeer-, Steppen-, Savannen- und tropisch-wintertrockener Zone. Was das vertikale Vorkommen angeht, so ist eine Abhängigkeit von der geographischen Breite zu konstatieren: Südwärts werden immer höhere Lagen bewohnt. *G. theklae* geht höher hinauf als *G. cristata* (in Äthiopien unter 9 °N bis 3500 m).

Es hat den Anschein, als vergrößere die Art ihr Areal in Nordostspanien (siehe NIETHAMMER 1955).

Ursprungsgebiet der Theklalerche dürfte Ostafrika sein. Das Aufsteigen der äthiopischen Hochländer bewirkte, daß die westlichen und die östlichen Populationen der Ausgangsform voneinander isoliert wurden. *G. theklae* ging aus diesen hervor. ABS (1963) legt die Spaltung der Stammform der *Galerida*-Arten ans Ende des Pliozäns, den Ausbreitungsvorgang, damit die Phase der Sympatrie beider Spezies, in geologisch jüngste Vergangenheit, ins letzte Pluvial. Die mutmaßliche Verbreitungsgeschichte wird wie folgt skizziert: Ausbreitung nach Nordwestafrika und Spanien durch das Niltal, aus dem sie von der später nachrückenden konkurrenzfähigeren *G. cristata* verdrängt wurde. Wichtiges Indiz für diese Marschroute sind die rötlichen Unterflügeldecken von *G. th. cyrenaicae*, die darin den ostafrikanischen Artgenossen noch am nächsten steht — dieses Merkmal hat als ursprünglich zu gelten. Im Gegensatz dazu haben die europäischen und nordwestafrikanischen Theklalerchen graue Unterflügeldecken erworben.

In Ostafrika treten beide Arten nur sehr begrenzt sympatrisch auf, in Nordwestafrika und Spanien hingegen weitgehend — wohl eher Konsequenz der Ausbreitungshistorie und interspezifischen Wettbewerbs denn räumlich verursachter ökologischer Differenzen.

Spezialkarte der Verbreitung: VALVERDE 1957 (Nordwestafrika), HEYMER 1967 (Ostpyrenäen).

Oekologie

Nach ABS (1963) lebt *G. theklae* in Südostfrankreich „in einer Strauchheide, die sich aus Kermeseichen, Cistrosen, Rosmarin und Ginster zusammensetzt. Einst bildeten diese Strauchheiden das Unterholz eines dichten Laubwaldes, der in geschichtlicher Zeit abgeholzt wurde und infolge der Beweidung durch Ziegen und Schafe nicht wieder hochkommen konnte. Daher kann man annehmen, daß die Theklalerche erst in geschichtlicher Zeit den kleinen Zipfel Frankreichs besiedelt hat.

An der französisch-spanischen Grenze fand ich die Theklalerche in Weinbergen und im angrenzenden steinigen Brachland, das mit Gras, Thymian und einzelnen Sträuchern bestanden ist". Zum selben Gebiet vgl. auch GUICHARD (1963).

Beobachtungen in Spanien und Algerien fixiert NIETHAMMER (1955): „Die Haubenlerche liebt ebene sandige Triften und Getreidefelder, sie meidet die Gebirge. Die Theklalerche hat eine Vorliebe für mittelhohe Gebirgszüge, wo sie sowohl an den Hängen wie auf den Bergrücken wohnt, gleichgültig ob diese mit Steinen und Felsblöcken übersät oder ziemlich dicht mit Buschwerk bestanden sind. Vielerorts schließen sich beide Arten klar aus, nämlich dort, wo steinige und felsige Höhenzüge an sandige Ebenen grenzen. Hier hausen beide zwar benachbart, aber in verschiedenen Biotopen und Bezirken... Die Biotope gehen aber oft ineinander über, und in solchen Übergangszonen stellen sich beide Arten ein. Sie brüten hier offenbar ganz unbekümmert umeinander..." Die Felder der Kulturlandschaft entsprächen dem bevorzugten Biotop von *G. cristata*, nicht jedoch dem von *G. theklae*. Diese gehe, obwohl Höhenzüge liebend, nirgendwo in Spanien hoch ins Gebirge.

Abs (1963) ergänzt (betreffend spanische Verhältnisse), daß man Theklalerchen auch oft auf steinigen Feldern und Brachland antreffe, die an von Ziegen und Schafen beweidete lockere Strauchheide grenzen. Im Süden seien sie auch in Steineichenhainen beheimatet. Im Coto Doñana lebten sie auf Sanddünen. Bedeutsam Abs' Hinweis, daß in Spanien der Eindruck zu gewinnen sei, daß die Haubenlerche die fruchtbaren Ebenen und Tallagen besetzt halte und die Theklalerche auf die kargen und steinigen Hänge und Berglagen abgedrängt habe. „Ursprünglich dürfte *theklae* wohl an lichten Stellen des mediterranen Laubwaldes gelebt haben..." (l. c.).

Für die Atlasländer sind buschreiche Flußränder, Strandräume und Steilhänge als Ursprungshabitate anzunehmen. Heute in Strauchheiden, Getreidefeldern, Weingärten, Olivenhainen, südlicher in Halfagrassteppen, Kakteenpflanzungen und *Euphorbia cactoides*-Beständen, Oleandergebüsch an Trockenflüssen und im Buschsaum der Flußbettränder, auch in spärlich bewachsenem wüstenhaftem Gelände und auf derart beschaffenen Bodenerhebungen. In Südmarokko und Rio de Oro in buschiger Strandvegetation – im Landesinnern an ähnlichen Stellen (bebuschte Senken, trockene Flußränder, auch Gärten, Felder). Auf Djerba begegnete ihr Jaeckel auf schütter mit Dattelpalmen bestandenen Flächen zwischen und in Dünen bis zum Meer.

In Ostafrika schließlich auf Hochplateaus. Liebt (nach v. Zedlitz 1911) die unbebauten, mit etwas Geröll und vereinzelten niederen Büschen bedeckten Striche, je öder und steppenartiger desto besser, im Semien z. B. Lagen, die im Winter vielfach unter Schnee begraben sind. Dorst und Roux (1972) nennen *G. th. huriensis* für die Monts du Bale den dominierenden Vogel der Grassteppen im felsigen Milieu.

Ausführliche Angaben zur Biologie der Art bei v. Zedlitz (1911), Niethammer (1955), Abs (1963 – diese Schlüsselarbeit rechtfertigt besondere Aufmerksamkeit) und Wallace (1965).

Wanderungen

Nach Voous (1965) Standvogel. Allerdings ist kaum Näheres bekannt. Lediglich Stenhouse (1921) berichtete, er habe winters die Brutplätze von *G. theklae* auf den rauhen Höhen der spanischen Sierra Carbonera verlassen und die Vögel in den Tälern vorgefunden. Es ist anzunehmen, daß solche jahreszeitlich bedingten vertikalen Ausweichbewegungen auch in anderen höheren Lagen des Areals stattfinden.

VIII

1980

Phylloscopus ijimae (Stejneger)

bearbeitet von

E. v. Vietinghoff-Scheel

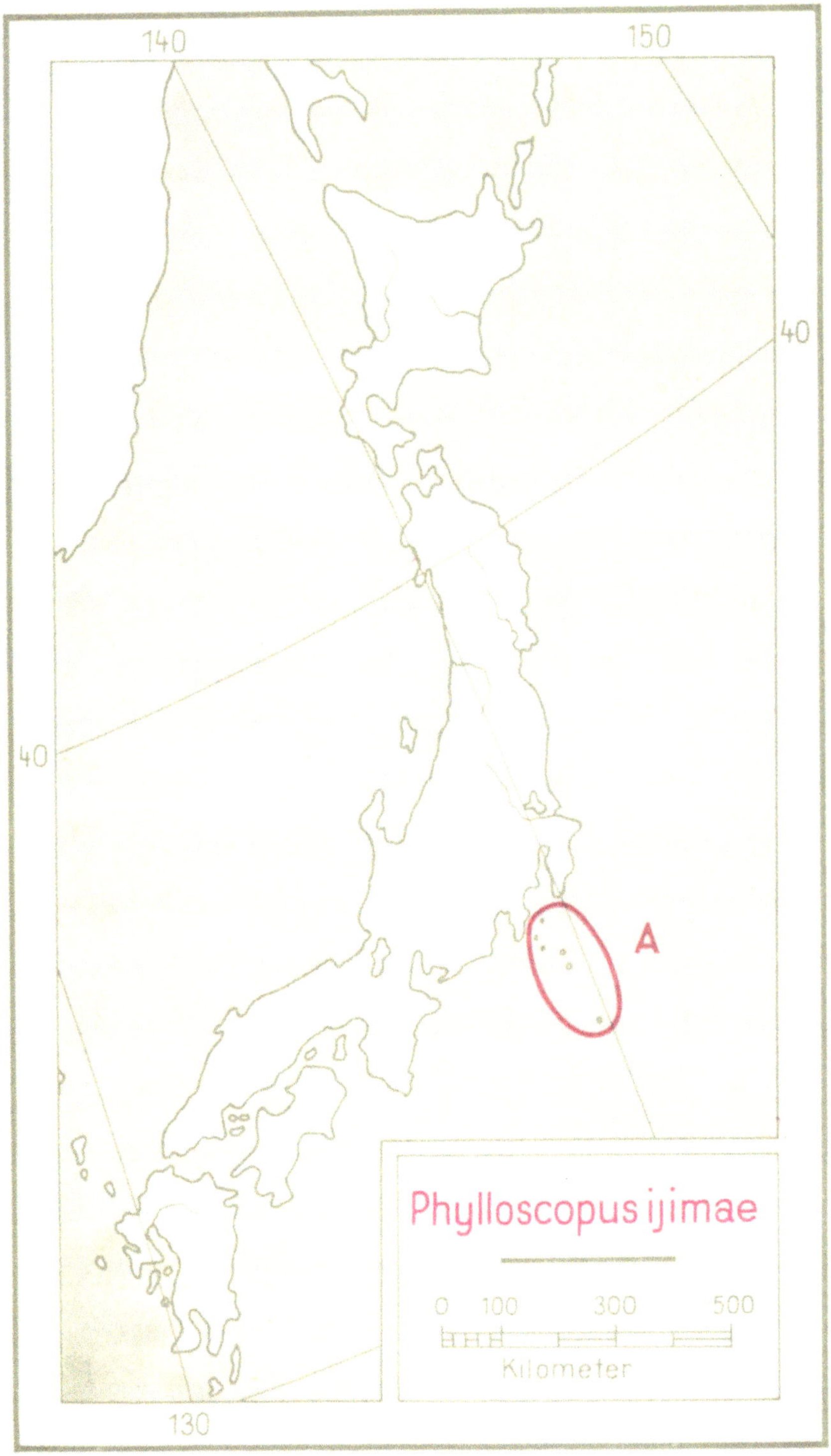

FUNDORTLISTE

A Gruppe „Sieben Inseln von Idzu“: — Yamashina 1938

Oshima	Bs	
Toshima	Bs	
Niijima	Bs	
Miyake	Bc	
Mikura	Bc	
Hachijo	Ba	

LITERATUR

Austin u. Kuroda 1953	Bull. Mus. comp. Zool. Harvard 109, 543.
Gilliard 1950	Bull. Amer. Mus. Nat. Hist. 94, Art. 8, 496.
Jahn 1942	J. Orn. 90, 146.
Kuroda 1926	Tori 5, 85.
Phillips 1947	Auk 64, 127.
Vaurie 1954	Amer. Mus. Novit. 1685, 22.
Yamashina 1938	J. Orn. 86, 500—503.

Phylloscopus ijimae (Stejneger)

Verwandtschaft

Manche Gemeinsamkeiten, wie Gestalt, Farbe, Eier, Nestlinge, lassen die Verwandtschaft zu *Phylloscopus occipitalis* (Blyth) erkennen, als dessen Unterart *ijimae* des öfteren geführt wurde (Kuroda 1926, Yamashina 1938, Jahn 1942). Trotzdem unterscheidet sich *ijimae* so offensichtlich von diesem, daß es unumgänglich war, ihm den Artrang zu geben (Austin u. Kuroda 1953). Die charakteristischen Abweichmerkmale sind das Fehlen eines dunklen Scheitelstreifs, besondere Nistgewohnheiten und der *occipitalis*-fremde Gesang (Yamashina l. c.).

Gliederung und Verbreitung

Monotypische Art. Offensichtlich in früheren Erdzeitaltern von *Phylloscopus occipitalis* abgesprengt und nunmehr als Inselbewohner nur auf der Gruppe der „Sieben Inseln von Idzu" (außer auf Tori) als Brutvogel zu verzeichnen.

Oekologie

Yamashina (l. c.) und Jahn (l. c.) verdanken wir die ausführlichsten oekologischen Angaben über diesen Vogel, so daß wir die wichtigsten und interessantesten Fakten hauptsächlich ihren Arbeiten entnehmen können.

Die Gruppe der Sieben Inseln von Idzu ist um 140 °E und 33—35 °N, südlich Tokio im Pazifischen Ozean gelagert. Nur auf den oben genannten Inseln ist das sichere Brüten der Art nachgewiesen worden. Nicht nur in Küstennähe, sondern auch auf dem 850 m hohen Hauptberg der Inseln bevölkert *ijimae* die Laubwälder (bevorzugt Erlendickichte und auch Gesträuch nahe menschlicher Siedlungen, wo er sehr zahm sein kann; Austin u. Kuroda 1953) in unterschiedlicher Anzahl. Nach Beobachtungen Jahns vom Mai 1939 ist *ijimae* auf Oshima nicht so selten, wie Yamashina behauptet, sondern am mit Buschwald bestandenen Krater des Mihara-Berges die weitaus häufigste Vogelart. Das veranlaßt zu der Annahme, daß die Gesamtpopulation trotz des geringen Brutareals zahlenmäßig sehr bedeutend ist.

Im Gegensatz zu *Phylloscopus occipitalis*, der sein Nest entweder auf der Erde oder in Höhlen baut, wird das von *ijimae* ausnahmslos auf Gezweig von Bambusen oder strauchartigen Pflanzen in 1—2 m Bodenhöhe errichtet. Es kann entweder von elliptischer oder becherartiger Form sein, besteht aber immer aus Bambusgräsern (*Sasa*), vermischt mit Wurzeln, Zweigchen, Blättern und Moosen, durchwebt mit zarten Gräsern und Pflanzenfasern, und nur wenigen Federn. Das Nest enthält drei glänzend weiße Eier, die vom Weibchen bebrütet werden.

Wanderungen

Yamashina (l. c.) mußte die Frage nach den Winterquartieren dieses Insulaners noch offen lassen. Inzwischen sind wir auch über sie unterrichtet worden. So verläuft die herbstliche Zugroute ab Ende September/Anfang Oktober nach Süden über die Inseln Tanegashima, Yakushima, die Ryu-Kyu-Gruppe (vom 26. September bis Anfang Oktober sehr häufig bei Momobaru, ab 13. Oktober spärlicher; Phillips [1947]; Yonakuni: 23. September; Yamashina l. c.) bis zu den Philippinen. Es liegen Dezember-Funde von der Bataan-Halbinsel (Luzon) von Gilliard (1950) vor. Seine Angabe von einem Vorkommen bei Catbalogan (Samar-Insel) war eine Fehlbestimmung des Exemplares (= *Phylloscopus olivaceus*; Vaurie 1954). — Beim Rückflug in das Brutgebiet, Ende März/Anfang April, wird ebenfalls die Ryu-Kyu-Gruppe gestreift, wie Funde von Yaku (3. April) und Okinawa (27. März) bestätigen.

VIII

1980

Phylloscopus schwarzi (Radde)

bearbeitet von

I. A. Neufeldt u. E. v. Vietinghoff-Scheel

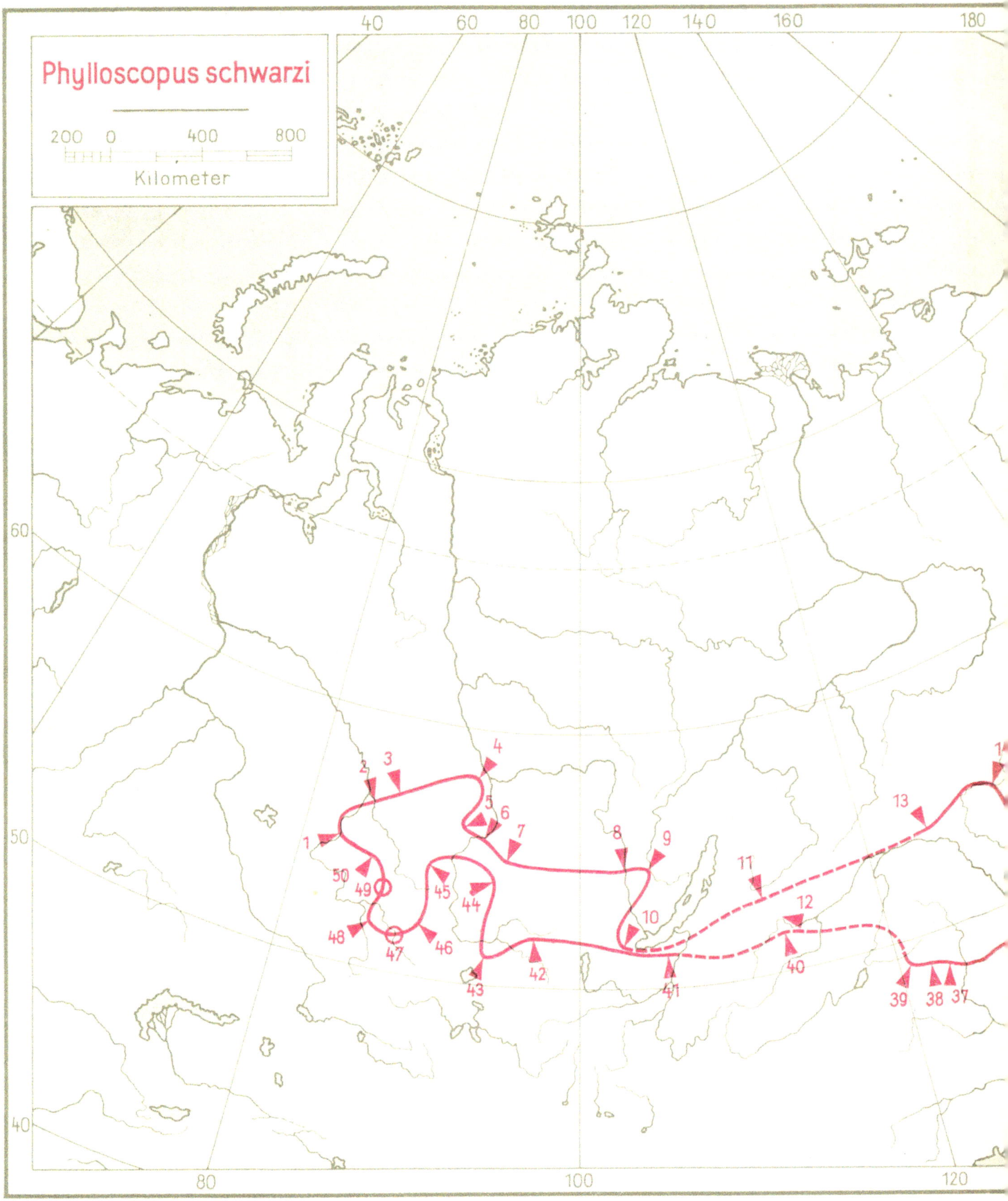
Phylloscopus schwarzi
200 0 400 800
Kilometer
40
60
80
100
120
140
160
180
60
50
40
80
100
120
1
2
3
4
5
6
7
8
9
10
11
12
13
37
38
39
40
41
42
43
44
45
46
47
48
49
50

FUNDORTLISTE

Nr.	Fundort		Quelle
1.	Nowosibirsk u. Umgebung	As	Johansen 1954, Gyngazow 1962
2.	Tomsk u. Umgebung	As	Johansen 1954
		Ae	Gyngazow 1962
3.	Tschetj-Kongorka	A	Moskwitin 1972
4.	Jenisejsk	A	Popham 1901
5.	Bolschoj Kemtschug	NJe	Naumow u. Kislenko 1963
6.	Krasnojarsk	AJe	Tugarinow u. Buturlin 1911
		ABJe	Judin 1952; Coll. Zool. Inst. Leningrad
—	Mittellauf d. Mana	J	Tugarinow u. Buturlin 1911
7.	Oberlauf d. Mana	ABe	Judin 1952
8.	Jandy	B	Scalon u. Sludsky 1933
9.	Shigalowo	A ?	Rejmers 1966
10.	Tunka-Ebene	Ae	Izmajlow u. Borowickaja 1973
11.	Erawnoje-See	As	Izmajlow 1967
12.	Tschita u. Umgebung	A	Stegmann 1929
—	Arachlej-See	As	Pawlow 1948
13.	Station Newer (am Fluß Bolschoj Newer)	AJa	Kolonin 1963
14.	Bomnak	A	Coll. Zool. Inst. Leningrad
15.	Ustj-Norsk	A	Smogorshewskij 1966
16.	Shelunda	A	Kistjakowskij u. Smogorshewskij 1964
17.	Radde	A	Stegmann 1931
—	Fluß Ditschun	A	Stegmann 1931
—	Wjatskoje	AB	Kistjakowskij u. Smogorshewskij 1973
18.	Ommi	AB	Kistjakowskij u. Smogorshewskij 1973
—	Piwanj	Ae	Schtilmark 1973
19.	Gawanj	BA	Kistjakowskij u. Smogorshewskij 1973
20.	Nowaja Ferma	BN	Kistjakowskij u. Smogorshewskij 1973
21.	Nikolajewsk-na-Amure	A	Tscherskij 1915
22.	Kizi-See	A	Coll. Zool. Inst. Leningrad
—	Sofijsk	N	Coll. Zool. Inst. Leningrad
23.	Sowjetskaja Gawanj	Ae	Schtilmark 1973
24.	Aleksandrowskaja dolina (= Aleksandrowsk Sachalinskij)	A	Nikolskij 1889
25.	Uglegorsk	Be	Gizenko 1955
—	Troickoje-See	Be	Gizenko 1955
26.	Tomarigshi (= Tomari)	N	Yamashina 1934
27.	Moneron	Bs	Netschajew 1975
28.	Korsakowskij (= Korsakow)	A	Nikolskij 1889
29.	Nowoaleksandrowsk	JAe	Gizenko 1955
30.	Berg Oblatschnaja	B	Nazarenko 1971
—	Berg Lysaja	N	Nazarenko 1971
31.	Partizany (Umgeb. Sutschan)	AN	Schulpin (Tagebuch)
32.	Berg Wysokaja; Unterlauf d. Adimi; Suchaja retschka	As	Panow 1973
—	Mittellauf d. Kedrowaja	Ns	Neufeldt unveröffentl.
33.	Nojido	AN	Yamashina 1932, 1934
34.	Ringanpo	A	Yamashina 1932
35.	Ichun	A	Piechocki 1958
36.	Tailing (= Dailin)	A	Piechocki 1958
37.	Dshalantun	AB	Meise 1934
38.	Buchedu	AB	Meise 1934
—	Chingan	A	Ingram 1909

39. Jalamte (= Tschshemerta)	A	Yamashina 1939
40. Darasun (an der Tura)	A	Taczanowski 1872
41. Gusinoje-See	A	Izmajlow u. Borowickaja 1973
42. Oberlauf d. Azas (7. IX.)	s	Januschewitsch 1952
43. Oberlauf d. Ungesch (2. VIII.)	s	Januschewitsch 1952
44. Masharka	A	Suschkin 1914
45. Kuzneckij-Alatau	A	Chachlow 1937, Johansen 1954
– Tschebaki	A	Suschkin 1914
46. NE-Vorberge des Altaj	AB	Sushkin 1938
– N-Vorberge des Altaj	AB	Sushkin 1938
– Kurejewo-See	A	Coll. Zool. Inst. Leningrad
– Oberlauf d. Bija	Ac	Rawkin 1973
47. Nord- u. Ostufer des Telezker Sees	Ac	Rawkin 1973; Coll. Zool. Inst. Leningrad
48. Berg Solowinnaja	As	Folitarek u. Dementjew 1938
49. Gornaja Schorija	Ac	Zalesskij 1930
– Berg Mustag (= Pustag)	A	Zalesskij 1930
50. Salair-Gebirgszug: Oberlauf d. Tschumysch	AB	Chachlow 1937
– Tomj-Tschumysch, Alambaj	Ac	Johansen 1935

LITERATUR

Andrew 1964 — Scot. Birds 3, 167.
Baker 1977 — Bird Study 24, 234.
Britton u. Scott 1963 — Brit. Birds 56, 420–421.
Caldwell 1931 — South China Birds. Shanghai. 125–126.
Chachlow 1937 — Sci. Mem. Ped. Inst. Perm 1, 212–215.
Deignan 1945 — Bull. Unit. States Nat. Mus. 186, 472.
Deignan 1946 — Notulae Naturae (Acad. Nat. Sci. Philad.) 173, 11.
Drost 1931 — Orn. Mber. 39, 20.
Dymond 1976 — Brit. Birds 69, 351.
Folitarek u. Dementjew 1938 — Trav. rés. état Altai 1, 36.
Gizenko 1955 — Pticy Sachalinsk. Obl. Moskwa. 275.
Gusew 1962 — Ornitologija 5, 158.
Gyngazow 1962 — Ornitologija 4, 157.
Haigh 1899 — Bull. Brit. Orn. Cl. 8/56, 6.
Hartert 1910 — Vögel paläarkt. Fauna. Berlin. 1, 529–530.
Hemmingsen u. Guildal 1968 — Spolia Zool. Mus. haun. 28, 115–116.
Ingram 1909 — Ibis (9) 3, 430.
Izmajlow 1967 — Pticy Witimsk. ploskogorja. Ulan-Ude. 157.
Izmajlow u. Borowickaja 1973 — Pticy jugo-zap. Zabajkalja. Wladimir. 165–166.
Januschewitsch 1952 — Fauna pozw. Tuwinsk. Obl. Nowosibirsk. 53.
Johansen 1935 — Trudy Biol. inst. Tomsk. univ. 1, 38.
Johansen 1954 — J. Orn. 95, 83–85.
Judin 1952 — Trudy Zool. Inst. Akad. Nauk SSSR 9, 1042.
Kistjakowskij u. Smogorshewskij 1964 — Nautschn. dokl. wys. schkoly. Biol. nauki 3, 28.
Kistjakowskij u. Smorgorshewskij 1973 — Wopr. geogr. Daln. Wost. 11, 215.
Kolonin 1963 — Ornitologija 6, 472.
Labzjuk et al. 1971 — Proc. Inst. Biol., Pedol. Far East Sci. Centre Acad. Sci. USSR, N.S. 6, 70.
Ljungdahl 1964 — Vår Fågelv. 3, 223–224.
Malyschew 1963 — Bjull. Wost.-Sib. fenolog. kom. 2–3, 22.
Meise 1934 — Abh. Ber. Mus. Tierk. Völkerk. Dresden 18/2, 37–38.
Moskwitin 1972 — Ornitologija 10, 373.
Naumow u. Kislenko 1963 — Ornitologija 6, 146–151.
Nazarenko 1971 — Proc. Nat. Res. „Kedrovaya Pad" 2, 106–107.
Netschajew 1975 — Proc. Inst. Biol., Pedol. Far East Sci. Centre Acad. Sci. USSR, N.S. 29 (132), 15.
Neufeldt 1960 — Brit. Birds 53, 117–122.
Nikolskij 1889 — Sachalin i fauna pozw. shiw. St.-Pétersb. 180.
Omelko 1956 — Trudy Dalnewost. Fil. Akad. Nauk, sér. Zool., 3, 354.
O'Sullivan 1977 — Brit. Birds 70, 436.
Paludan 1959 — Vidensk. Medd. Dansk nat. hist. Foren. 122, 316.
Panow 1973 — Pticy jushn. Primorja. Nowosibirsk. 219–220.
Pawlow 1948 — Pticy i zweri Tschitinsk. obl. Tschita. 139.
Piechocki 1958 — Abh. Ber. Mus. Tierk. Dresden 24, 150.
Piechocki 1972 — Mitt. Zool. Mus. Berlin 48, 106.
Popham 1901 — Ibis (8) 1, 452.
Portenko 1960 — Pticy SSSR. Moskwa–Leningrad. 4, 39–41.
Rawkin 1973 — Pticy sew.-wost. Altaja. Nowosibirsk. 182–183.
Rejmers 1966 — Pticy, mlekopit. Sred. Sibir. Moskwa–Leningrad. 193.
Scalon u. Sludsky 1933 — Gerfaut 23, 194–195.
Schtilmark 1973 — Wopr. geogr. Daln. Wost. 11, 54–55.
Schubert 1969 — Orn. Mitt. 21, 129.
Shaw 1936 — Birds Hopei Province. Peking. 2, 740–741.
Smith 1967 — Brit. Birds 60, 327.
Smith 1969 — Brit. Birds 62, 481.
Smith 1973 — Brit. Birds 67, 334.
Smith 1975 — Brit. Birds 68, 328.
Smogorshewskij 1966 — Nautschn. dokl. wys. schkoly. Biol. nauki 2, 29.
Smythies 1953 — Birds Burma. Edinburgh–London. 198.
Stegmann 1929 — Ann. Mus. Zool. Leningrad 29, 226.
Stegmann 1931 — J. Orn. 79, 194–195.
Stresemann u. Heinrich 1940 — Mitt. Zool. Mus. Berlin 24, 194.
Suschkin 1914 — Pticy Minusinsk. kraja. Moskwa. 345–347.
Sushkin 1938 — Birds Soviet Altai. Moscow–Leningrad. 2, 164–165.
Taczanowski 1872 — J. Orn. 20, 358.
Taczanowski 1888 — Proc. Zool. Soc. London. 455.
Ticehurst 1938 — Genus *Phylloscopus*. London. 94–96.
La Touche 1926 — Handb. Birds East China. London. 1, 239–240.

TSCHERSKIJ 1915 Zap. Ob. izutsch. Amursk. kraja 14, 117–221.
TUGARINOW 1932 Trudy Mongol. kom. 1, 34.
TUGARINOW u. BUTURLIN 1911 Mat. Vögel Jenisseisch. Gouvern. Krasnojarsk. 37–39.
VOOUS 1974 Limosa 48, 171–173.
WILDER u. HUBBARD 1938 Birds Northeastern China. Peking. 272–273.
WILLIAMSON 1962 Identif. ringers. 2. Gen. *Phylloscopus*. Brit. Trust. Orn. Field Guide 8, 51–52.
WOROBJOW 1954 Pticy Ussurijsk. kraja. Moskwa. 223–224.
YAMASHINA 1932 Tori 7, 233–234.
YAMASHINA 1934 Tori 8, 310–311.
YAMASHINA 1938 J. Orn. 86, 504–507.
YAMASHINA 1939 Tori 10, 493.
ZALESSKIJ 1930 Mat. orn. Sibir. kraja. Nowosibirsk. 34.
Briefliche Auskunft erteilte: PUKINSKIJ (Fluß Iman).

Phylloscopus schwarzi (Radde)

Bartlaubsänger

Verwandtschaft

Monotypische Art (TICEHURST 1938), von morphologischen und biologischen Gesichtspunkten ausgehend nahe verwandt mit *Phylloscopus armandi* (Milne-Edwards) und wahrscheinlich auch mit *Phylloscopus griseolus* (Blyth).

Über die systematische Einordnung von *Phylloscopus schwarzi* bestanden bis in die jüngste Zeit die unterschiedlichsten Ansichten. MEISE (1934) stellte *armandi* als Unterart zu *schwarzi*: *Ph. schwarzi schwarzi*, *Ph. schwarzi armandi*, während es bei PORTENKO (1960) nur die monotypische Gattung *Herbivocula* mit der monotypischen Art *H. schwarzi* gibt. Die frühere Auffassung HARTERTS (1910), YAMASHINAS (1938) und WOROBJOWS (1954), eine Gattung *Herbivocula* zu führen, vertritt auch JOHANSEN (1954) unter der Voraussetzung, daß auch *armandi* einbezogen wird. Die Ansicht NEUFELDTS: *Ph. schwarzi*, *Ph. armandi* und wahrscheinlich *Ph. griseolus* bilden innerhalb der Gattung *Phylloscopus* zweifellos eine besondere Gruppe, die man als Untergattung *Herbivocula* ansprechen könnte.

Zur Verbreitung

Das Areal verläuft als schmaler Streifen durch den Süden Sibiriens und des Fernen Ostens, von Nowosibirsk im Westen bis zum unteren Amur und Sachalin im Osten, nach Norden bis Jenisejsk, der Angara, dem südlichen Witim-Plateau, dem Oberlauf der Zeja und Mittel-Sachalin; im Süden bis zu den nördlichen Vorbergen des Altai, dem Sajan, dem nördlichen Großen Chingan, dem Kleinen Chingan, und im Osten bis zu den nordkoreanischen Bergen.

In den Grenzen ihres Brutgebiets kommt die Art sehr ungleichmäßig verteilt vor, selbst in Sibirien und im Amurland, obwohl dort die Siedlungsdichte als groß zu bezeichnen ist (NAUMOW u. KISLENKO 1963, RAWKIN 1963). Besonders in Transbaikalien und im Primorje-Kreis fehlen die Vögel mancherorts völlig, oder sie sind nur sehr selten dort vorhanden, wo sich eine schützende und Nahrung bietende Pflanzendecke erhalten hat (IZMAJLOW 1967, IZMAJLOW u. BOROWICKAJA 1973, NAZARENKO 1971).

Oekologie

Lichte, gewöhnlich feuchte Laub- oder Mischwälder mit dichtem Unterwuchs in leicht hügeligen Landschaften oder in Vorgebirgsgegenden bilden die Vorzugshabitate der Bartlaubsänger, obwohl auch Vorkommen aus Südprimorje, nahe der oberen Waldgrenze bei 1600–1750 m gelegen, bekannt sind (NAZARENKO 1971). Im Kuzneckij-Alatau steigt *Ph. schwarzi* bis in Höhen von 1200 m, in den Vorbergen des Altai bis 1000 m (JOHANSEN 1954). Geschlossene Nadelwälder aus Fichten und Tannen, wie auch sehr trockene Kiefernwälder meiden die Vögel. Aus diesen Biotopansprüchen resultiert auch die zerstreute Verteilung der Fundorte auf der das Brutgebiet markierenden Grenze. Offenbar ist aber eine Zunahme an Siedlungsorten dort möglich, wo sich im Laufe der Zeit Sekundärlichtwälder mit Gestrüppvegetation auf Waldbrandstellen, Kahlschlägen, Feldern und längs von Wegen und Flüssen gebildet haben. Nach STEGMANNS (1931) Beobachtungen ist der Bartlaubsänger im Kleinen Chingan ein Bewohner der Taigalichtungen und der Waldränder von *Pinus koraiensis*, während der Nordost-Altai mit seinen Birken-Espen-Wäldern und den Kiefern-Birken-Wäldern am Oberlauf der Bija in der Ankunftsperiode stark besuchtes Gebiet ist (RAWKIN 1973).

In Wiesenmulden und Vorgebirgsmooren und -sümpfen, in Weidenauen, auf Waldbrandinseln des Mittelgebirges und in der Tannen-Zirbel-Taiga ist *Ph. schwarzi* zu dieser Zeit ausgesprochen häufig.

In ihrem Beobachtungsgebiet, dem Amur-Zeya-Plateau, fand NEUFELDT (1960) die Bartlaubsänger bei ihrer Ankunft in sumpfigen Beständen von *Betula fruticosa* und *Salix raddeana* vor, wo sich ebenfalls *Phylloscopus fuscatus* und *Emberiza aureola* aufhielten. Gegen den 22. Mai zogen die Brutexemplare in die Vorberge und die umliegenden Hänge ab, deren Bewaldung sich aus mittelhohen Kiefern mit eingestreuten Mongolischen Eichen (*Quercus mongolica*) und *Betula dahurica* zusammensetzte. Dickichte aus *Quercus*, *Lespedeza bicolor* und *Rhododendron dahuricum* bildeten einen unpassierbaren Unterwuchs.

Auf Sachalin, im Tal der Susuja, hielten sich die Bartlaubsänger zahlreich in sumpfigen Wäldern aus Birken, Flatterulmen, Pappeln, Weiden und Espen auf, wo sich ein Unterholz aus üppigster Krautvegetation geformt hatte (GIZENKO 1955). Das Nest baut allein das Weibchen entweder fast auf dem Boden oder auch 0,15—1 m hoch inmitten von Gras und Gesträuch. Es ist kugelförmig, manchmal ein wenig seitlich zusammengedrückt, mit einem seitlichen Eingang in der Mitte oder im unteren Drittel des Nestes. Außen befindet sich eine sehr lockere Schicht aus langen trockenen Stengeln und Blättern von Gräsern, darunter Seggen, manchmal vermischt mit Stückchen von Espenrinde, Reisen von Schachtelhalm und Nadeln der Zirbel und Kiefer. Die dichteste untere Lage besteht aus kleinen Gräsern, Bastfäden, Blattstielen, nicht selten mit Pflanzenwolle vermischt. Ausgelegt ist die Nestmulde mit Federn (öfters vom Haselhuhn), mit Haaren von Haus- und Wildtieren. Das Nest ist im Verhältnis zur Vogelgröße als groß zu bezeichnen. Die Fortpflanzungsperiode fällt in die Zeit von Mitte Juni bis Mitte Juli; für die Mehrzahl der Nester konnte der Beginn der Eiablage in der zweiten Juni-Hälfte festgestellt werden. Das Vollgelege besteht aus 3—6, häufiger 5 Eiern, Farbe weiß mit großen gelblich-graubraunen Flecken. Mitunter ähneln sie der von *Sylvia curruca*-Eiern. Weitere Einzelheiten über die Fortpflanzungsbiologie für Süd-Sachalin und Nord-Korea bei YAMASHINA (1938), für das Amurland bei NEUFELDT (1960), für Mittel-Sibirien bei NAUMOW u. KISLENKO (1963).

Wanderungen

Ankunftsdaten im Brutgebiet: Korea: 11. 5. (TACZANOWSKI 1888); Südprimorje: 17. 5., 18. 5. (TSCHERSKIJ 1915, PANOW 1973); Sachalin, Troickoje-See: 19. 5. (GIZENKO 1955); Moneron: 2. 6. (NETSCHAJEW 1975); Amur-Zeya-Plateau: 17. 5. (NEUFELDT 1960); Umgebung Krasnojarsk: 2. 6.—9. 6. (JUDIN 1952, NAUMOW u. KIZLENKO 1963).

Abzug in die Winterquartiere: Nordost-Altai: Letzte am 21. 9. (RAWKIN 1973); Krasnojarsker Gebiet: 20. 9. (TUGARINOW u. BUTURLIN 1911); Tuwa, Azas: 7. 9. (JANUSCHEWITSCH 1952); Sachalin: Mitte bis Ende 9. (GIZENKO 1955); Südprimorje: 15., 18. 9. (TSCHERSKIJ 1915); Woroschilow (= Ussurijsk): 5. 10. (Coll. Zool. Inst. Leningrad); De-Fries-Halbinsel: 21. 9. (Beginn des Zuges; OMELKO 1956); Suputinskij-Naturschutzgebiet: Letzte am 30. 9. (WOROBJOW 1954).

Die Überwinterungsgebiete liegen in Südost-Asien, von Süd-China bis Tenasserim, auch bis Thailand und Burma (TICEHURST 1938, STRESEMANN u. HEINRICH 1940, DEIGNAN 1945, SMYTHIES 1953), Nord-Siam (1 Weibchen am 8. 2. bei Doi Pha Hom Pok; DEIGNAN 1946). Um dorthin zu gelangen, streift ein Teil der Ziehenden den Osten, Südosten und Nordosten Chinas (LA TOUCHE 1926, CALDWELL 1931, SHAW 1936, WILDER u. HUBBARD 1938, HEMMINGSEN und GUILDAL 1968). Ein anderer Teil überfliegt Korea, die Mandschurei, weiter zum Amurland—Primorje (LABZJUK et al. 1971) nach Sachalin; eine andere Route führt in westlicher Richtung durch den großen Chingan (Innere Mongolei; PIECHOCKI 1958, YAMASHINA 1939) und die Nordost-Mongolei, nach den zentralasiatischen Wüsten abbiegend — am Kerulen Beobachtungen vom 20. und 21. 10. (TUGARINOW 1932), am Chalchin-Gol vom 21. 9. (PIECHOCKI 1972) — durch Transbaikalien und das westliche Baikalgebiet (GUSEW 1962, MALYSCHEW 1963) nach Mittel- und Westsibirien.

Verflogene Exemplare:

Niederlande (VOOUS 1974), Helgoland (DROST 1931), Baden-Württemberg (SCHUBERT 1969). In Großbritannien schon mehr als 20 Nachweise, meistens vom Oktober, einmal vom 26. September (HAIGH 1899, WILLIAMSON 1962, BRITTON u. SCOTT 1963, SMYTH 1967, 1969, 1972, 1973, 1975, DYMOND 1976, O'SULLIVAN 1977), Schottland (ANDREW 1964), Süd-Frankreich (WILLIAMSON 1962), Schweden (LJUNGDAHL 1964), Nord-Afghanistan (TICEHURST 1938, PALUDAN 1959).

VIII

1980

Locustella fasciolata (Gray)

bearbeitet von

I. A. Neufeldt und K. Wunderlich

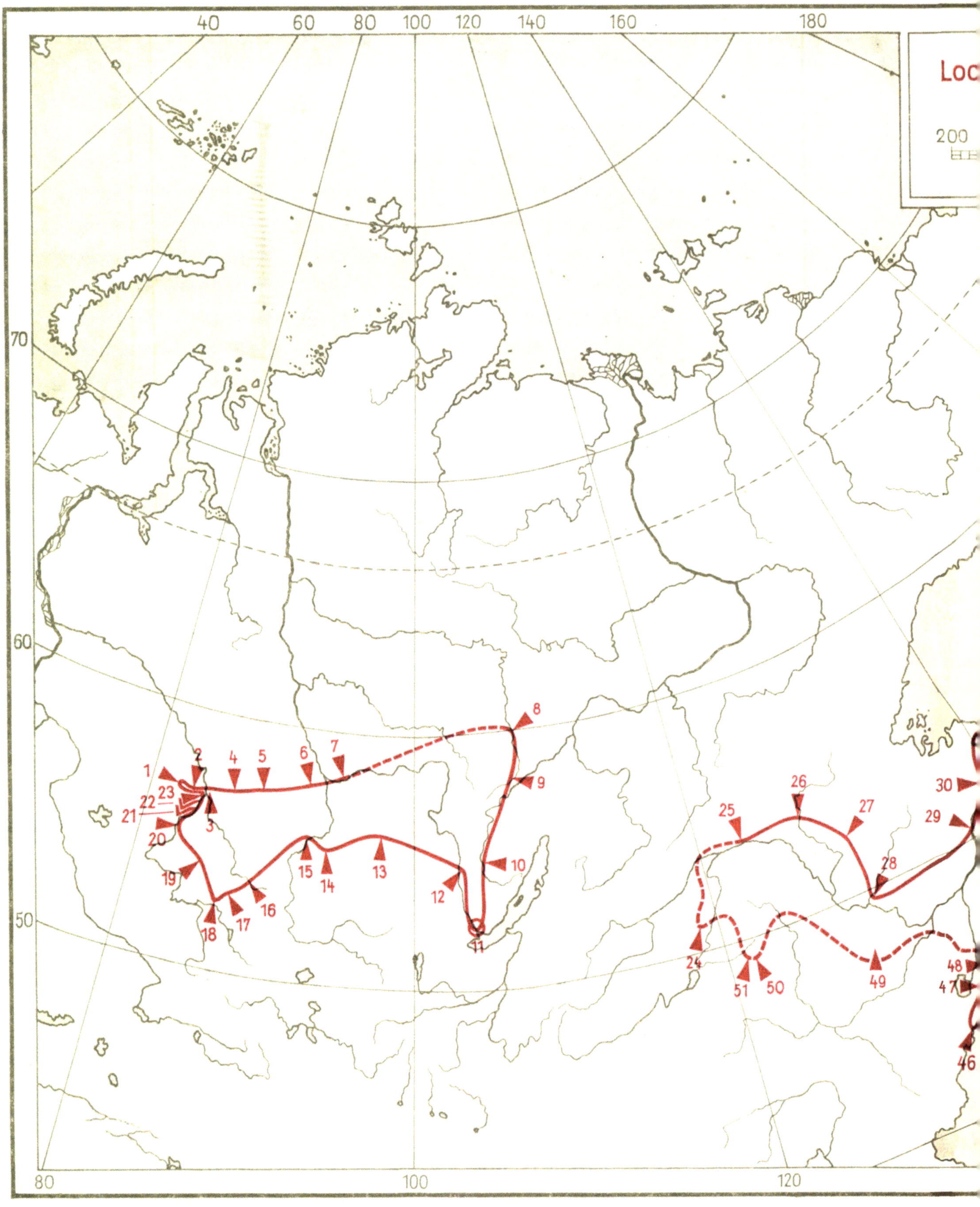
40
60
80
100
120
140
160
180
Loc
200
70
60
50
80
100
120
1
2
3
4
5
6
7
8
9
10
11
12
13
14
15
16
17
18
19
20
21
22
23
24
25
26
27
28
29
30
46
47
48
49
50
51

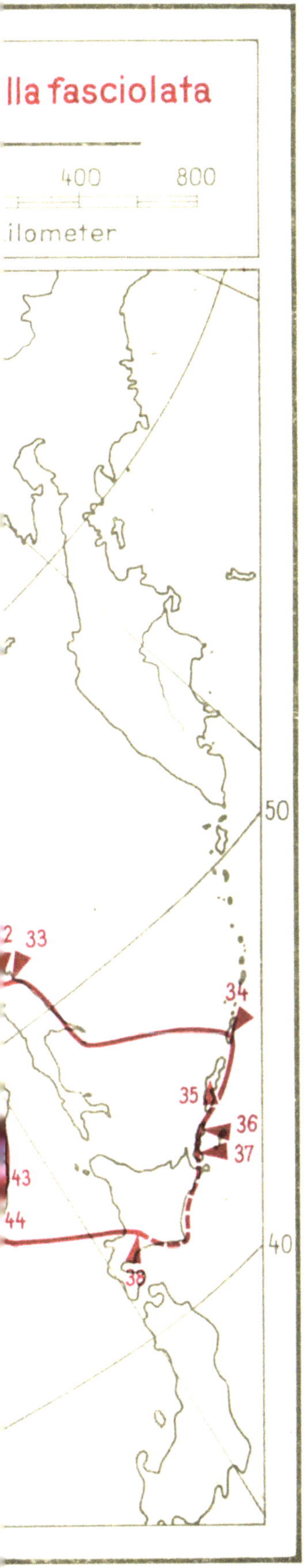

FUNDORTLISTE

1. Baktschar	As	Moskwitin brfl. 1977
2. Plotnikowo	As	Gyngazow, Milowidow 1977
3. Mündung des Tomj	A	Moskwitin brfl. 1977
4. Asino	A	Gyngazow brfl. 1977
5. Ustj-Syraja (20 km S Tschetj-Kongorka)	A	Moskwitin brfl. 1977
6. Turuchanka u. Komarowka	BAa	Moskwitin brfl. 1977
7. Nowyj Angarsk (30 km N Angara)	A	Gibet et al. 1967
8. Potemina (60 n. Br.)	B	Tkatschenko 1924
— Gashenskaja (Umgebung von Preobrashenka	A	Coll. Zool. Inst. Leningrad (Neufeldt 1977)
9. Oberlauf der Nishnjaja Tunguska - Podwolotschnaja (Petropawlowskoje)	BA	Tkatschenko 1924, Coll. Zool. Inst. Leningrad (Neufeldt 1977)
10. Tutura-Unterlauf (Rayon Shigalowo)	As	Rejmers 1960
11. Umgebung von Irkutsk	A	Loskot brfl. 1977
12. Jandy	A	Coll. Zool. Inst. Leningrad (Neufeldt 1977)
13. Tajschet	A	Coll. Zool. Inst. Leningrad (Neufeldt 1977)
14. Fluß Mana, Mittelläufe von Badshej, Murtuk, Ungut	A	Coll. Zool. Inst. Leningrad (Neufeldt 1977)
15. Zwischenflußland der Birjusa- u. Mana-Unterläufe, Ost-Sajan-Vorberge	BANJe	Naumow 1962
— Birjusa	A	Coll. Zool. Inst. Leningrad (Neufeldt 1977)
16. Fluß Teba	A	Coll. Zool. Mus. Univ. Tomsk (Moskwitin brfl. 1977)
17. Kondomskoje (= Kondoma)	A	Zalesskij 1930
— Karagol	A	Zalesskij 1930
18. Vorberge NE-Altai, Bija-Mittellauf	BAs	Rawkin 1973
19. Fluß Alambaj	BA	Johansen 1935
20. Umgebung von Nowosibirsk	BA	Zalesskij 1930, Johansen 1935
21. Koshewnikowo	A	Moskwitin brfl. 1977
22. Kirejewskoje (= Kirejewsk)	A	Coll. Zool. Mus. Univ. Tomsk (Moskwitin brfl. 1977)
23. Pozdnjakowo (Umgebung von Schegarskoje)	BAN	Gyngazow, Milowidow 1977
24. Kalga	A	Loskot brfl. 1977
25. Dshalinda	A	Stegmann 1931
26. Zeja u. 10 km N	A	Kislenko (Leonowitsch brfl. 1977)
27. Ustj-Uljma	As	Malyschewskij brfl. 1977
28. Domikan	BA	Winter brfl. 1977
29. Churba, Ommi	BA	Kistjakowskij u. Smogorshewskij 1973
30. Fluß Limuri	As	Stilmark 1973
31. Nikolajewsk (= Nikolajewsk na Amure)	BA	Kistjakowskij u. Smogorshewskij 1973

32. Argi-Pagi	ABNs	NETSCHAJEW brfl. 1977
33. Nabil-Oberlauf	ABNs	NETSCHAJEW brfl. 1977
34. Takotan-Bucht (Urup)	BA	BERGMAN 1935
35. Shana (= Kurilsk), Kamiikotan (Iturup)	BA	BERGMAN 1935, Coll. Zool. Mus. Univ. Moskau (NEUFELDT 1977)
36. Tjatino (Kunaschir)	BA	NETSCHAJEW 1969
37. Alechino (Kunaschir)	A	NETSCHAJEW 1969
38. Sapporo	A	JAHN 1942
39. Ternej	As	JELSUKOW 1977
40. Edinka	Ac	JELSUKOW 1977
41. Samarga	Ac	JELSUKOW brfl. 1977
42. Chungari-Mittellauf (= Gur)	BAc	SPANGENBERG 1960
43. Ulunga	BANJ	PUKINSKIJ brfl. 1977
44. Laulju (Iman-Mittellauf = B. Ussurka)	Bs	SPANGENBERG 1965
45. Arsenjew	B	NAZARENKO brfl. 1977
46. Primorskij	Bs	NEUFELDT 1977
47. Nowowladimirowka	AJc	TSCHERSKIJ 1915
48. Tamga	A	Coll. Zool. Inst. Leningrad (NEUFELDT 1977)
49. Liangshuikou (32 km N Tailing = Dailin)	AJ	PIECHOCKI 1958
50. Buchedu	BA	MEISE 1934
51. Chingan	A	YAMASHINA 1939

LITERATUR

AUSTIN 1948 — Bull. Mus. comp. Zool. Harvard 101, 220.
AUSTIN u. KURODA 1953 — Bull. Mus. comp. Zool. Harvard 109, 547.
BERGMAN 1935 — Nordostasiat. Vögel. Stockholm. 198–199.
Check-List Japanese birds 1974 — Tokyo. 258.
DELACOUR u. MAYR 1946 — Birds Philippines. New York. 197.
JELSUKOW 1977 — VII. Wsesojuz. Orn. Konf. Kiew. 1, 59.
GIBET et al. 1967 — Ornitologija 8, 341.
GIZENKO 1955 — Pticy Sachalinsk. Obl. Moskwa. 281.
GYNGAZOW, MILOWIDOW 1977 — Ornitofauna Zap.-Sibir. rawniny. Tomsk. 242–243.
ISHIZAWA u. NAKAMURA 1964 — Misc. Rep. Yamashina Inst. Ornith. 4, 63–70.
JAHN 1942 — J. Orn. 80, 153–154.
JOHANSEN 1928 — Uragus 1, 22–24.
JOHANSEN 1935 — Trav. Inst. Sci. Biol. Univ. Tomsk 1, 37–38.
JUDIN 1952 — Trudy Zool. Inst. Akad. nauk. SSSR 9, 1043–1044.
KISLENKO 1969 — Zap. Mosk. Ped. Inst. Krupskoj 224, Zool. 7, 49–74.
KISTJAKOWSKIJ u. SMOGORSHEWSKIJ 1973 — Wopr. geogr. Daln. Wostoka 11, 216.
KOBAYASHI 1931 — Tori 7, 37–60.
KOBAYASHI 1932 — Tori 7, 297–300.
MEISE 1934 — Abh. Ber. Mus. Tierk. Völkerk. Dresden 18, 2, 38.
NAUMOW 1962 — Ornitologija 5, 136–138.
NETSCHAJEW 1969 — Pticy jushn. Kurilsk. ostrowow. Leningrad. 169.
NEUFELDT u. NETSCHAJEW 1977 — Mitt. Zool. Mus. Berlin (Suppl.) 53, Ann. Orn. 1, 91–116.
PIECHOCKI 1958 — Abh. Ber. Mus. Tierk. Dresden 24, 151.
RAWKIN 1973 — Pticy sew.-wost. Altaja. Nowosibirsk. 184.
REJMERS 1966 — Pticy, Mlekopit. Sred. Sibir. Moskwa–Leningrad. 194.
RUZSKIJ 1946 — Trudy Tomsk. Univ. Biol., 97, 46.
SALOMONSEN 1963 — Oversight Danmarks Fugle. København. 117.
STILMARK 1973 — Wopr. geogr. Daln. Wostoka 11, 49, 55.
SPANGENBERG 1940 — Trudy Moskowsk. Zooparka 1, 126.
SPANGENBERG 1948 — Ochr. prirody 6, 11–13.
SPANGENBERG 1960 — Ochr. prirody i ozelen. 4, 141.
SPANGENBERG 1965 — Arch. Mus. Zool. Univ. Moscou 9, 188–190.
STEGMANN 1931 — J. Orn. 79, 198–199.
STEPANJAN 1972 — Zool. Sh. 51, 1896–1897.
TKATSCHENKO 1924 — Izw. Wost.-Sibir. Geogr. Ob. (Irkutsk) 47, 5.
TSCHERSKIJ 1915 — Zap. Ob. izutsch. Amursk. kraja 14, 119–120.
TSCHUNICHIN 1965 — Ornitologija 7, 79.
VAURIE 1959 — Birds palearct. Fauna. Passeriformes. London. 231.
WILLIAMSON 1968 — Brit. Trust Orn., 16–17.
WON HONG KOO 1965 — Birds Korea 3, 210–212.
YAMADA 1942 — Tori 11, 438–442.
YAMASHINA 1939 — Tori 10, 493.
YAMASHINA 1974 — Birds Japan. Tokyo. 193.
ZALESSKIJ 1930 — Mat. Orn. Sibir. kaja. Nowosibirsk. 35.

Briefliche Auskünfte erteilten: JELSUKOW (Sichote-Alin-NSG), GYNGAZOW (Westsibirien), LEONOWITSCH (nördl. Amurgebiet.), LOSKOT (Cis- u. Transbaikalien), MALYSCHEWSKIJ (nördl. Amurgebiet), MILOWIDOW (Westsibirien), MOSKWITIN (West- u. Zentralsibirien), NAZARENKO (südl. Primorje), NETSCHAJEW (Sachalin), PUKINSKIJ (Bikin-Becken), STOLBOWA (Südsachalin), WINTER (südl. Amurgebiet).

Locustella fasciolata (Gray)

Riesenschwirl

Gliederung

Eventuell polytypische Art; neuerdings 2 Subspecies unterschieden: *L. fasciolata amnicola* Stepanyan auf den fernöstlichen Inseln und *L. f. fasciolata* (Gray) auf dem Festland. Diese ist im ganzen heller als jene, die vor allem nach dem unten dunkel getönten Federkleid alter Stücke abgesondert wurde. STEPANJANS Ansicht (1972), daß *L. f. amnicola* infolge räumlicher Sonderung höherer, d. h. Artrang zukomme, vermögen NEUFELDT und NETSCHAJEW (1977) nach Durchsicht reichen Materials nicht zu bestätigen.

Zur Verbreitung

Das Brutgebiet umfaßt die flachen und mäßig hohen Räume der südlichen Taiga, auch der nördlichen und mittleren Nadel-Laubmischwälder, vom Mittel-Ob im Westen bis Sachalin und Hokkaido im Osten. Trotz Verdachts von GIZENKO (1955) bewohnt *L. fasciolata* nicht das Norddrittel Sachalins (NETSCHAJEW brfl. 1977), auch nicht die Kleinen Kurilen (NETSCHAJEW 1969). In Transbaikalien fehlt dieser Schwirl offensichtlich über weite Strecken; weder wird er zum Bestand lokaler „Ornithokomplexe" gezählt noch in einschlägigen Listen und anderen literarischen Beiträgen genannt. Die sibirischen und die Amur-Brutvögel sind demzufolge räumlich voneinander geschieden.

Brüten in Korea ist kaum wahrscheinlich, ein Nachweis bis dato nicht erbracht worden. Danach zu urteilen, daß die Art schon im südlichen Primorje sporadisch vorkommt, kann durchaus gemutmaßt werden, daß sie nicht zu den koreanischen Brutvögeln gehört. Im Mai und in der ersten Junidekade in Korea gesammelte Stücke (siehe AUSTIN 1948) waren Zügler (vgl. „Wanderungen"). WONS (1965) Einbeziehen des Riesenschwirls in die koreanische Brutvogelwelt ist unbegründet.

Anscheinend optimale Existenzbedingungen findet der Vogel im oberen Amurland und Süden Mittelsibiriens, wo er eine hohe Siedlungsdichte erreicht (bis zu 50 Paare je km² — NAUMOW 1962, NEUFELDT und NETSCHAJEW 1977). In Westsibirien tritt er weniger gehäuft auf: bis 16 Paare je km² — GYNGAZOW brfl. 1977. Im unteren Amurgebiet und Nordprimorje wurden bis zu 10 Paare pro km² ermittelt — nach KISLENKO (1969) und PUKINSKIJ (brfl. 1977). Die niedrigsten Zahlen sind von den Inseln bekanntgeworden, speziell aus dort vorhandenen Hochstaudenfluren: in Südsachalin 2—3 Paare je 1 km Distanz — NEUFELDT und NETSCHAJEW (1977); auf den Südkurilen 1—2 Paare je km Wegstrecke — NETSCHAJEW (1969); auf Hokkaido registrierte JAHN (1942) stellenweise bis 5 Paare pro km Weg.

Spezialkarte der Verbreitung bei NEUFELDT und NETSCHAJEW (1977).

Unser Kartenbild stellt den Versuch vor, das Brutareal gemäß gegenwärtigem Erkenntnisstand zu umreißen. Es ist denkbar, daß beim „West"-Areal zwischen den P. 16 und 14, 14 und 11 die Grenze südlicher (in Richtung auf die Vorberge von West- u. Ostsajan) und zwischen P. 11 und 9 etwas weiter östlich verläuft. Analog ist fast die gesamte Südperipherie des östlichen Brutgebiets provisorisch markiert; immerhin dürfte bei einem Vergleich mit dem physischen Relief der besiedelten Landstriche klar werden, daß *L. fasciolata* vertikal bereits an mittleren Höhenlagen ihre Verbreitungsgrenze findet.

Was letztlich das Vorkommen auf Hokkaido (P. 38) betrifft, so sind die Details der Verbreitung nicht völlig klar. Teils widersprechen die literarischen Hinweise einander. NEUFELDT meint, im charakteristischen Habitat könnte die Art auf ganz Hokkaido brüten. Diese Auffassung vertreten auch JAHN (1942) sowie AUSTIN und KURODA (1953). Andere Autoren (ISHIZAWA u. NAKAMURA 1964, Check-list 1974, YAMASHINA 1974) verweisen überwiegend auf den Nord- bzw. den Nord- und Ostteil der Insel.

Oekologie

Dieser Schwirl bewohnt Kraut-Strauch-Dickicht und Hochstaudenwiesen auf höheren Ebenen, an gut entwässerten Hängen und in Flußtälern, ist obligat auch in lichten Laub-Misch- und hellen Nadelwäldern, selbst auf Kahlschlägen und Brandflächen mit noch einzelnen Bäumen und hohem Buschwerk bzw. Stockausschlag. Die Dichte nimmt beim Vorhandensein von Kraut-Strauch-Wildnis deutlich zu.

Im oberen Amurland werden Partien mit sehr verdünntem Baumbewuchs aus *Quercus mongolica*, *Betula dahurica*, *B. platyphylla*, vereinzelten *Larix dahurica*, *Pinus sylvestris* bevorzugt — versehen aber mit dichtem Unterwuchs von *Lespedeza bicolor*, *Rhododendron dahuricum*, *Corylus heterophylla*, auch *Spiraea sericea*, *Salix xerophila* und *Quercus*. Kompaktes Dickicht auf Brandflächen und Abtrieben erreicht 2 m Höhe. Zwischen dem Buschwerk gedeiht artenreiche Krautschicht (NEUFELDT u. NETSCHAJEW 1977).

Im Ussuri-Becken wird der Vogel brütend unter überaus ähnlichen Bedingungen angetroffen (siehe JOHANSEN 1928, SPANGENBERG 1940, KISLENKO 1969).

Für den Süden Mittelsibiriens schildert NAUMOW (1962) *L. fasciolata* als zur Brutzeit an neubewachsene Kahlschläge, an Waldränder, Lichtungen mit ein paar Bäumen und Gruppen von Sträuchern sowie krautiger Vegetation, dichten Espen- und Birkenwald gebunden.

In Westsibirien (Raum Tomsk) lebt er vorzugsweise an den Säumen der Taiga-Massive, auf sich wieder bestockenden Rodungen und Brandflächen, im schütteren Buschwald mit hoher Krautschicht, auch im mit reichlich Unterwuchs ausgestatteten Mischwald und auf Hochstaudenwiesen (GYNGAZOW, MILOWIDOW 1977).

In Südsachalin und auf Moneron sind mesophile Hochstaudenfluren am Rande nicht überschwemmter Flußauen, Bachtälchen, Quellgründe, Küstenterrassen oder an mit Wald überzogenen Hängen hauptsächlicher Lebensraum. Floristisch zugehörig: *Polygonum sachalinense*, *Filipendula kamtschatica*, *Urtica platyphylla*, *Cacalia robusta*, *Senecio cannabifolius*, *Cirsium kamtschaticum*, *Petasites japonicus*. Nicht selten gedeiht jene hohe Krautschicht am Boden lichten Waldes aus *Salix sachalinensis* und *Alnus hirsuta*, oder auf reinen Wiesen stehen vereinzelt *Sambucus*- und *Salix*-Büsche (NEUFELDT u. NETSCHAJEW 1977).

Die Verhältnisse auf Hokkaido charakterisiert JAHN (1942): „Er findet sich in den Ebenen in der Kulturlandschaft, wo in Feldern und Wiesen Gebüschstreifen oder Gebüschkomplexe vorhanden sind. Häufig sind solche Gebüschzonen Waldrändern vorgelagert; am sichersten trifft man den Schwirl jedoch in den die Flüsse begleitenden Ufergebüschzonen, die oft von größerer Ausdehnung und Breite sind, eine Eigenheit Hokkaidos im Gegensatz zu den südlicheren Hauptinseln, wo die Flußränder meist kahl sind. Vorherrschende Baumarten sind dort mittelhohe Weiden und Erlen, die im Sommer von einem dichten Unterwuchs von Hochkräutern wie *Petasites japonicus*, *Polygonum sachalinense*, *Urtica thunbergiana*, *Artemisia vulgaris* u. a. durchstanden sind. In solchen Gebüschen, die auch auf inselartigen Kiesbänken in den Flüssen, vor allem in der Nähe ihrer Mündung sich breit machen, traf ich *Locustella fasciolata* in ziemlich hoher Siedlungsdichte..."

Bei der Anlage der Nester lassen sich allgemein ein festländischer und ein Inseltyp unterscheiden: Bei diesem ist das Nest 20—180 cm über dem Boden (in Astgabeln, Stockausschlägen, Halmwerk dichter Gräser), bei jenem am Boden bzw. bis 20 cm darüber. Obligat für die Wahl der Standorte scheint die Existenz deckender Vegetation zu sein, welchem Schutzanspruch bei den meisten insulären Habitaten im Halmgewirr hohen Grases offensichtlich optimal genügt wird. Die Nester sind tassenförmig, aus Blättern, Halmen, Rinden- und Bastfetzchen gleichsam dicht zusammengepreßt bzw. -geschichtet. Ihnen — den eigentlichen Nestern — sitzt, zuweilen überaus locker, eine unordentliche Schicht groben Pflanzenmaterials auf, deren Stärke je nach Neststandort variiert: Am Boden ist sie gering, in Buschwerk doch erheblich. Die Nestmulden sind fein ausgepolstert.

Was die Brutzeit angeht, so ist sie bemerkenswert kurz; die Art trifft reichlich spät an den Brutplätzen ein und bricht recht früh ins Winterquartier auf. Normalerweise findet 1 Brut statt. Einige Funddaten: Auf Moneron erste Eier in 5 Nestern zwischen 22. und 27. Juni 1973, in 2 Nestern am 1. Juli 1973 (NEUFELDT u. NETSCHAJEW 1977); in Südsachalin am 20. u. 21. Juni 1971 (NEUFELDT u. NETSCHAJEW 1977). Komplette Gelege unbekannter Bebrütungsdauer wurden auf Hokkaido am 16. Juli 1929, 22. Juli 1931 (KOBAYASHI 1931, 1932), am 4. und 12. Juli 1941 und (mit 2 Eiern) am 21. Juni 1941 (YAMADA 1942) gefunden. An Nestern im südlichen Primorje (SPANGENBERG 1965) hatte die Eiablage zwischen 13. und 15. Juni begonnen. Fürs obere Amurland registrierten NEUFELDT und NETSCHAJEW (1977) erste Eier meist zwischen 20. und 27. Juni, gelegentlich erst Anfang Juli. Im Süden des mittleren Sibiriens frische Vollgelege am 1. Juli 1960, 1 Nest mit 6 stark bebrüteten Eiern am 5. Juli 1958 (NAUMOW 1962). In Westsibirien (Umgebung von Pozdnjakowo) 1 Nest kontrolliert mit Ablagebeginn 15. Juli 1975 (GYNGAZOW, MILOWIDOW 1977), ein weiteres mit 6 Eiern am 11. Juli 1976 (MILOWIDOW brfl. 1977) entdeckt.

Die Eizahl ist im Mittel bei den Inselpopulationen etwas niedriger. Komplette „Insel"-Gelege enthielten 3—5, oft 4; festländische 3—6, häufig 5 Eier (KOBAYASHI 1932, YAMADA 1942, SPANGENBERG 1948, NAUMOW 1962, GYNGAZOW, MILOWIDOW 1977, NEUFELDT und NETSCHAJEW 1977).

Zu Mauser und Nahrungsspektrum machen NEUFELDT und NETSCHAJEW (1977) ausführliche Angaben.

Wanderungen

Zugvogel 1. Grades. Überwintert auf den Philippinen (gemeldet von Batan, Calayan, Luzon, Mindoro, Marinduque, Basilan, den Sulu-Inseln), den Molukken, Sulawesi und im Westen Neuguineas (vgl. DELACOUR u. MAYR 1946). Der Abzug von dort geschieht spät; ein adult. ♂ wurde auf Halmahera noch am 8. April gesammelt (Coll. Zool. Mus. Berlin).

Erhebungen durch ISHIZAWA und NAKAMURA (1967) brachten zutage, daß die Inselpopulationen 2 Zugwege verfolgen: 1. Philippinen-Ost- und Westrand Taiwans-Ostchina-Korea-Honshu-Hokkaido-Kurilen und Sachalin. 2. Philippinen-Ostrand Taiwans-Riukius-Honshu und weiter nach Norden. Frühjährliche und herbstliche Zugroute fallen zusammen. Den genannten Autoren zufolge geht der Heimzug augenscheinlich wesentlich schneller vonstatten.

Die Riesenschwirle des Kontinents erreichen über Taiwan irgendwo im Raum Amoy das Festland und folgen dessen Küstenlinien nach Nordostchina. Ein Teil der Vögel wandert via Halbinsel Liaotung und Korea ins Primorje und untere Amurland. Ein weiterer bewegt sich direkt nach Norden ins Amur-Becken. Sehr wahrscheinlich ziehen nicht wenige der sibirischen mit den Brutvögeln des Amurgebiets; andere schlagen in Nordostchina Richtung Nordwest ein und fliegen durch Innere und Nordostmongolei nach Transbaikalien (NEUFELDT u. NETSCHAJEW 1977).

Die Brutplätze werden früh verlassen, wobei dem völligen Abzug hier und da postnuptiale Streifereien vorausgehen, die die Vögel mit Ausnahme der nördlich angesiedelten nach S bzw. SE führen, auch über die Grenzen des Brutgebiets hinweg.— Just in dieser Zeit treten Irrgäste auf (sowohl ad. als auch juv. Stücke), teils erheblich westlich der Arealperipherie

(August 1928 u. 3. September 1937 in der Barabinsker Steppe — RUZSKIJ 1946; Nordwestfrankreich [Ouessant] am 26. September 1913 u. 17. September 1933 — WILLIAMSON 1968; Dänemark, Lodbjerg, am 25. September 1955 — SALOMONSEN 1963).

Ankunft im Winterquartier vermutlich Anfang Oktober — Exemplare: Ternate am 1. und 23. Oktober (Coll. Zool. Inst. Leningrad), Palalech (Nordsulawesi) am 24. und 27. Oktober (Coll. Zool. Mus. Berlin).

Ausgewählte Erstbeobachtungs- und Abzugsdaten aus dem Brutgebiet: Westsibirien: Im Raum Tomsk zwischen 5. und 23. Juni (in der Regel 14.—19. 6.), Wegzug 25. August bis 5. September — GYNGAZOW, MILOWIDOW 1977; südliches Salair-Gebirge 15. bis 20. Juni — TSCHUNICHIN 1965; Nordostaltai Zug Ende Juni, Abzug in der ersten Septemberhälfte beendet (RAWKIN 1973).

Südliches Mittelsibirien (Raum Krasnojarsk): Erste Zieher 9. bis 19. Juni (JUDIN 1952, NAUMOW 1962), späteste Vögel am 23. August (Coll. Zool. Inst. Leningrad).

Oberes Amurgebiet: Durchzug 7. bis 11. Juni (NEUFELDT u. NETSCHAJEW 1977).

Großer Chingan: Gesammelt am 2. September (PIECHOCKI 1958).

Unteres Amurland: 3. bis 17. Juni (SPANGENBERG 1960, KISTJAKOWSKIJ u. SMOGORSHEWSKIJ 1973).

Primorje: Früheste Exemplare zwischen 25. und 31. Mai (TSCHERSKIJ 1915, SPANGENBERG 1965, KISLENKO 1969).

Südsachalin: Zeitigste Stücke bei Siedlung Schebunino am 2. Juni, bei Kuznezowo 6. Juni (NEUFELDT u. NETSCHAJEW 1977). Bei Siedlung Nowoalexandrowsk Erstbeobachtung am 4. Juni, Gros der Rückzügler zwischen 8. und 10. Juni, Zugende 20. Juni (STOLBOWA brfl. 1977). Wegzug bei Nowoalexandrowsk vom 30. August bis 11. September festgestellt (STOLBOWA brfl. 1977). Exemplare vom 13. September in der Sammlung des Zool. Inst. Leningrad stammen aus den Ausläufern des Susunajsker Gebirges, solche vom 14. September aus der Umgebung von Nowoalexandrowsk.

Moneron: Früheste Riesenschwirle am 6. Juni (NEUFELDT u. NETSCHAJEW 1977).

Iturup: Am 11. Juni (BERGMAN 1935).

Hokkaido: Allererste im Mai (AUSTIN u. KURODA 1953), Eintreffen am Brutplatz nahe Sapporo in der 1. Juni-Dekade (YAMADA 1942). Aufbruch ins Überwinterungsgebiet zwischen 20. August und September (AUSTIN u. KURODA 1953, ISHIZAWA u. NAKAMURA 1964).

VIII

1980

Oenanthe picata (Blyth)

zusammengestellt von

W. M. Loskot

übersetzt und bearbeitet von

E. v. Vietinghoff-Scheel

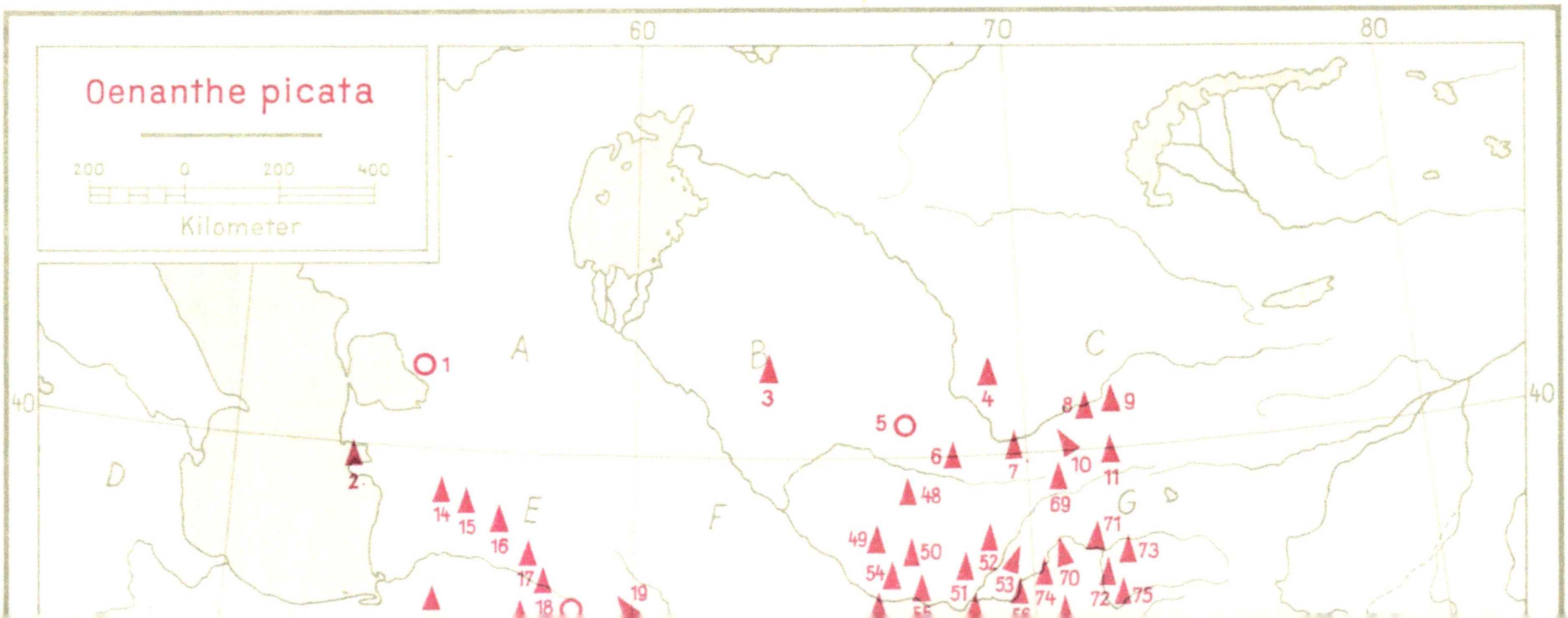
Oenanthe picata
200 0 200 400
Kilometer
60
70
80
40
A
B
C
D
E
F
G
1
2
3
4
5
6
7
8
9
10
11
14
15
16
17
18
19
48
49
50
51
52
53
54
69
70
71
72
73
74
75

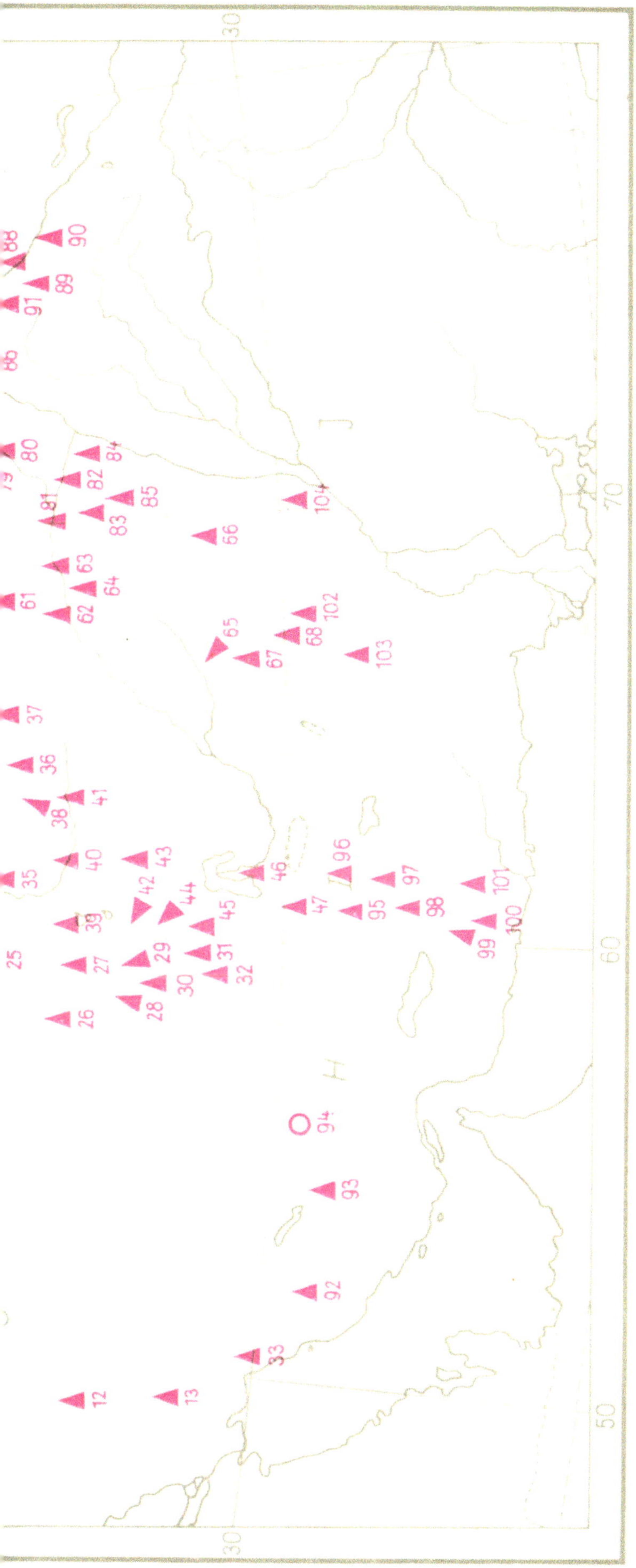

FUNDORTLISTE

A	1.	Ostufer d. Kara-Bogaz-Gol	Bs	Zaletajew 1968
	2.	Umgebung Krasnowodsk	AJ	Coll. Zool. Inst. Leningrad
			A	v. Loudon 1902, 1909
B	3.	Tochtatau	As	Zarudnyj 1914
			Js	Meklenburcew 1951
	4.	Darbaza	Ja	Meklenburcew 1951
	5.	Gebirgszug Nuratau	Bc	Meklenburcew 1937
	6.	Umgebung Dshizak	A	Zarudnyj 1911
	—	Gebirgszug Pistelitau	Bc	Gawrilow 1970
	7.	Gebirgszug Mogoltau (Chodschent = Leninabad)	Ac	Zarudnyj 1911, 1923; Coll. Zool. Inst. Leningrad
C	8.	zw. Tschust u. Namangan	A	Coll. Zool. Inst. Leningrad
	—	Kara-Kurgan	A	Coll. Zool. Inst. Leningrad
	—	Aksu	A	Coll. Zool. Inst. Leningrad
	—	Gawa	A	Coll. Zool. Inst. Leningrad
	9.	Utsch-Kurgan	A	Coll. Zool. Inst. Leningrad
	10.	Melnikowo	A	Zarudnyj 1911
	—	Waruch (= Woruch)	A	Zarudnyj 1923
	11.	Schlucht d. Flusses Isfairam	A	Stolzmann 1897
D	12.	SW Dorud: Karun	As	Paludan 1938
	—	Chamehid	A	Vaurie 1949
	13.	Pain-Gjatschj	N	Sarudny u. Härms 1926
E	14.	Malyj-Balchan-Berge	J	Dementjew et al. 1955
	—	Bolschoj-Balchan-Berge	Nc	Bilkewitsch u. Zarudnyj 1918
	—	Oglanly	A	Dementjew et al. 1955
	—	Quelle Sakka	N	Schukurow 1962
	15.	Kazandshik	A	v. Loudon 1909
	—	Danata	Ac	Kolesnikow 1956, Coll. Zool. Mus. Kiew. Uniw.
	16.	Kizyl-Arwat	AJ	Coll. Zool. Inst. Leningrad
	—	zw. Kizyl-Arwat u. Chodshakala	Ac	Dementjew et al. 1955
	—	Bami	A	Coll. Zool. Inst. Leningrad
	—	Gebirgszug Chasardag (bei Kara-Kala)	Nc	Stepanjan u. Stepanjan 1972
	17.	Bacharden	A	Coll. Zool. Mus. Mosk. Uniw.
	—	Germab	J	Radde u. Walter 1889
			N	Ischadow 1963
	—	Tschuli	J	Coll. Zool. Mus. Mosk. Univ.
	—	Geok-Tepe	A	Radde u. Walter 1889
			AJ	Coll. Zool. Inst. Leningrad
	18.	Firjuza	A	Coll. Zool. Inst. Leningrad; Coll. Zool. Mus. Mosk. Univ.
	—	Bagir	Ac	Coll. Zool. Mus. Mosk. Univ.
	—	Umgebung Aschrabad	J	Zarudnyj 1896
	—	Anau	A	Coll. Zool. Inst. Leningrad
	—	Gaudan	N	Zarudnyj 1896
	—	Keltetschinar	A	Coll. Zool. Mus. Mosk. Univ.
	—	Babadurmaz	A	Coll. Zool. Inst. Leningrad
	—	Kaachka	Ac	v. Loudon 1903, 1909
	19.	Artyk	Ac	v. Loudon 1903
	20.	Surhedä (28. VII.)	A	Stresemann 1928
	21.	Ak-imam	BA	Dementjew 1948
	22.	Firjuze	A	Nikolskij 1886
	23.	Nachduin	N	Zarudnyj 1896
	—	Guljuli-Dag	N	Zarudnyj 1896
	24.	Kjardy	J	Zarudnyj 1900
	25.	Umgebung v. Meschched	J	Coll. Zool. Inst. Leningrad
	26.	Umgebung v. Badshistan	A	Zarudnyj 1900
	27.	Buchsani	A	Zarudnyj 1900
	—	Ruinen der Stadt Susann	A	Zarudnyj 1900
	28.	Magomed-abad (= Mohammedabad)	Ac	Zarudnyj 1900, 1923
	—	Chunik	A	Zarudnyj 1900
	29.	Mamuj	Bc	Sarudny u. Härms 1926
	30.	Umgebung v. Birdshand:		
		Keljate-Chadshi-Jusuf	Ac	Zarudnyj 1900
		Pesuk	AJ	Zarudnyj 1900
	—	Rekut (= Rekat; Bagiran-Kuch)	Ac	Zarudnyj 1900
	31.	zw. Ibrahimi u. Guljandar	A	Zarudnyj 1900
	32.	Basiran	A	Zarudnyj 1900
	—	zw. Mejgun u. Tschacharfarsang	Bc	Sarudny u. Härms 1926
	—	Chunik (40 km N Nech)	J	Zarudnyj 1900
	33.	Tol-i-safid	A	Witherby 1903
F	34.	Unterlauf d. Keschefrud	J	Coll. Zool. Inst. Leningrad
	35.	Gebirgszug Gez-Geldy (= Gjazj-Gjadyk)	AJ	Heptner 1959
	—	Quelle Akar-Tscheschme	Nc	Belskaja 1961
	36.	Fluß Miene-Bam (= Darai-Bam)	Ac	Paludan 1959
	37.	Maimana	A	Paludan 1959
	38.	SW Quala Nau	Ac	Paludan 1959
	39.	Chuschkek	A	Zarudnyj 1903
	—	Kerat	A	Zarudnyj 1923
	40.	Ardewan Kotal	AJc	Paludan 1959
	—	Herat	Bc	Paludan 1959
	41.	Umgebung v. Obeh	AJc	Paludan 1959
	42.	Gulmirun	A	Zarudnyj 1903
	43.	N Shin Dand	B	Paludan 1959
	44.	Dsholge-i-Tebbes	A	Zarudnyj 1923
	—	zw. Riza u. Machunik	Ac	Zarudnyj 1903
	—	Ratjuk-bala	A	Zarudnyj 1923
	45.	Dorach (= Doruch)	A	Zarudnyj 1903
	—	Brunnen Tschach-i-Ziru, Chadshi-i-dutschagi, Tschach-i-Gjuische	A	Zarudnyj 1903
	46.	Umgebung v. Mohammedabad:		
		Tschach-i-bena	J	Zarudnyj 1923
		Tschach-Isi	A	Zarudnyj 1923
	47.	Gurmuk (= Chormuk)	J	Zarudnyj 1903
	48.	Umgebung v. Samarkand	A	Carruthers 1910; Coll. Zool. Mus. Mosk. Univ.
	49.	Guzar	A	Coll. Zool. Mus. Mosk. Univ.
	—	Tengichoram (= Dechkanabad)	A	Bianchi 1886
			B	Meklenburcew 1958
	—	Akrabat	Bs	Meklenburcew 1958
	50.	Bajsun	A	Coll. Zool. Mus. Mosk. Univ.
	—	Derbent	A	Coll. Zool. Mus. Mosk. Univ.
	51.	Karakuss (Babatag-Berge)	A	Bianchi 1886
	—	Gandshino (Aktau-Berge)	NJc	Loskot (unveröffentl.)

	Ort		Quelle
	— Chodshai-Bechob	B	Abdusaljamow 1973
	— Chodsha-baba	Ac	Zarudnyj 1923
	52. Chanak-Mündung	NJc	Ivanov 1940
	53. Darai-Bet	B	Abdusaljamow 1973
	54. Kugitang	Nc	Loskot (unveröffentl.)
	— Chodshai-fil-ata (= Chodshepil)	Ac	Zarudnyj 1923
	— Daraj-Dara	Ac	Coll. Zool. Inst. Acad. Sci. Kiew
	— Bazar-Tjube	Ac	Zarudnyj 1923
	— Tschar-Tscharagasy	A	Zarudnyj 1923
	— NE Karljuk	B	Schestoperow 1936
	— Chatak	A	Zarudnyj 1923
	55. Umgebung Schirabad	NJc	Stepanjan 1969b, Zarudnyj 1923
	— Kokajty	A	Coll. Zool. Inst. Leningrad
	— Chodsha-baba	Ac	Zarudnyj 1923
	56. Tschubek (= Moskowskij)	Ac	Zarudnyj 1923, 1926
	— Bagarak	A	Zarudnyj unveröffentl.
	— Paß Tasch-Rabat (Tereklitau)	A	Coll. Zool. Mus. Mosk. Univ.
	— Wachschstroj	J	Coll. Zool. Mus. Mosk. Univ.
	— Karatau	Ac	Loskot (unveröffentl.)
	57. Kelif	N	Zarudnyj (unveröffentl.)
	58. Wachsch-Mündung	NJc	Iwanow 1969
	— Bischkent	A	Coll. Zool. Mus. Mosk. Univ.
	— Kabadian (= Mikojanabad)	AJ	Zarudnyj 1923
	— Tartky	A	Zarudnyj 1923
	— Koj-pjez-tau	AJc	Ivanov 1940
	59. Tashkurghan	A	Paludan 1959
	60. Kunduz	B	Meinertzhagen 1938, Paludan 1959
	61. Umgebung v. Haibak	AJc	Meinertzhagen 1938
	— Paigah-Kotal	A	Paludan 1959
	62. Doab	Ac	Meinertzhagen 1938
	— Ghorband	A	Meinertzhagen 1938
	63. Panjshir	A	Whistler 1944
	64. Umgebung v. Kabul	Ac	Meinertzhagen 1938
	— Maidan-Tal	Nc	Paludan 1959
	— Logar-Tal	A	Paludan 1959
	65. Kandaghar	B	John 1889
		AJc	Whistler 1944
	66. Fort Sandeman	B	Ticehurst 1926
	67. Chaman	N	Barnes 1880
	— Khojak-Paß	B	Ticehurst 1926
	— Kolla Abdula	A	Swinhoe 1882
	68. Quetta	B	Swinhoe 1882
		NJc	Marshall 1902
		NJs	Meinertzhagen 1920
		N	Williams u. Williams 1929
G	69. Waruch (= Woruch)	A	Zarudnyj 1923
	70. Kalai-Chumb	AJ	Zarudnyj 1926
	— Togmaj	J	Zarudnyj 1926
	71. Gudshowest	B	Abdusaljamow 1973
	— Wantsch	AJ	Zarudnyj 1926
	— Barau	A	Zarudnyj 1926
	72. Kalai-Wamar (= Ruschan)	AJc	Zarudnyj 1926
	— Rocharw	AJc	Zarudnyj 1926
	73. Basit	A	Ivanov 1940
	74. Berge SE Kuljab	Ac	Zarudnyj 1923
		B	Ivanov 1969
		AJc	Zarudnyj 1926
		A	Coll. Zool. Mus. Mosk. Univ.
	75. Umgebung v. Choroga	A	Moltschanow u. Zarudnyj 1914
		AJc	Ivanov 1940
		Ac	Stepanjan 1969a
		NJc	Loskot (unveröffentl.)
	— Roschtkala	Bs	Stepanjan 1969a
	— Gorm-i-tscheschma	A	Sarudnyj 1926
	76. Faizabad	Ac	Vaurie 1949
		A	Paludan 1959
	77. Zebak	B	Paludan 1959
	— Iskan	Ac	Paludan 1959
	78. Kishm	AJc	Vaurie 1949
	— Akhbulak	A	Vaurie 1949
	79. Parwara	Bc	Paludan 1959
	— Rabat	A	Vaurie 1949
	80. Chitral	Bc	Perreau 1910
	— Drosh	Bc	Perreau 1910
	— Nagar	B	Perreau 1910
	81. Mama Khel	A	Vaurie 1949
	— Turuk Pul	A	Vaurie 1949
	— Nazhil	A	Vaurie 1949
	82. Peshawar-Tal	B	Briggs u. Osmaston 1928
	— Khaibar-Paß	N	Briggs u. Osmaston 1928
	83. Parachinar	Jc	Rattray 1889
		N	Whitehead 1907
	84. S Nowshera (Manki-Paß)	N	Briggs u. Osmaston 1928
	85. Thull	B	Baker 1924
	— Samana	N	Whitehead 1909
	86. Gilgit	ANJc	Biddulph 1881
	— Bundshi	A	Coll. Zool. Inst. Leningrad
	87. Skardu	AJc	Meinertzhagen 1927
	88. Dagoni (24. VIII.)		Vaurie 1949
	— Marcha (29. VIII.)		Vaurie 1949
	89. Kargil	AJc	Meinertzhagen 1927
	— Dras-Tal	B	Meinertzhagen 1927
	90. Khalatse	A	Meinertzhagen 1927
		A	Osmaston 1930
H	91. Tol-i-safid	A	Witherby 1903
	92. Konar Takhteh	A	Witherby 1903
	93. Niriz	A	Blanford 1876
	94. Sarjan	J	Blanford 1876
I	95. Kuch-i-Boz-ab	A	Zarudnyj 1903
	— Brunnen Dah-i-Do	J	Zarudnyj 1903
	96. Brunnen Bid	A	Coll. Zool. Inst. Leningrad
	97. Kuuscha	A	Zarudnyj 1903
	— zw. Gjazyk u. Ljarumba	N	Sarudny u. Härms 1926
	98. Brunnen Torosch	Jc	Sarudny u. Härms 1926
	— Sadk	NJc	Sarudny u. Härms 1926
	— Podagi	AJc	Zarudnyj 1903
	— Murtak	A	Zarudnyj 1903
	99. Surmitsch	A	Zarudnyj 1923
	100. Tschamp	B	Sarudny u. Härms 1926
	101. Oberlauf d. Rud-i-Serbaz	B	Sarudny u. Härms 1926
	102. Bolan-Paß	B	Swinhoe 1882, Ticehurst 1922
	103. Kalat	B	Ticehurst 1926
J	104. Suliman-Berge (W Dera Ghazi Chan)	NJc	Ball 1875
	— Munro (20 km SE Rakchni)	NJc	Waite 1934

LITERATUR

ABDUSALJAMOW 1973 Fauna Tadjik SSR 19 / 2. Birds. 263.

ALI u. RIPLEY 1973 Birds India and Pakistan. Bombay, London, New York. 9, 51.

BAKER 1924 Fauna Brit. India. London. 2, 45.

BALL 1875 Stray Feathers 3, 206.

BARNES 1880 Stray Feathers 9, 217.

BELSKAJA 1961 Trudy Inst. Zool., parasit. Akad. Nauk Turkmen. SSR 7, 43–54.

BIANCHI 1886 Mél. Biol. Bull. Acad. Sci. St.-Petersburg 12, 616.

BIDDULPH 1881 Ibis (4) 5, 56–58.

BILKEWITSCH u. ZARUDNYJ 1918 Izw. Turkest. otd. Russ. geogr. ob. 14, 40–41.

BLANFORD 1876 Eastern Persia. London. 2, 154.

BRIGGS u. OSMASTON 1929 J. Bombay Nat. Hist. Soc. 32, 748.

BUTLER 1877 Stray Feathers 5, 229.

CARRUTHERS 1910 Ibis (9) 4, 462.

DEMENTJEW 1948 Trudy bjuro kolcew. 7, 185.

DEMENTJEW et al. 1955 Utsch. zap. Moskow. uniw. 171, 162.

GAWRILOW 1970 Pticy Kazachstana. Alma-Ata. 3, 551.

GROTE 1942 Orn. Mbr. 50, 133–134.

HALL u. MOREAU 1970 Atlas speciation african pass. birds. London. 105.

HARTERT 1910 Vögel paläarkt. Fauna. Berlin. 1, 696–697.

HEPTNER 1959 Trudy Inst. zool., parasit. Akad. Nauk Turkmen. SSR 4, 144.

ISCHADOW 1963 Izw. Akad. Nauk Turkmen. SSR, ser. biol. 1, 77–78.

IVANOV 1940 Ois. Tadjikistan. Moscou–Leningrad. 252–255.

IWANOW 1969 Pticy Pamiro-Alaja. Leningrad. 262–263.

JOHN 1889 Ibis (6) 1, 163.

KOLESNIKOW 1956 Trudy Srednaeziat. Uniw. N.S. 86, Biol. 23, 188.

LOSKOT 1972 Westn. zool. 4, 28–34.

v. LOUDON 1902 Orn. Jb. 13, 87.

v. LOUDON 1903 Orn. Jb. 14, 47–48; 57–58.

v. LOUDON 1909 J. Orn. 57, 567; 570; 572.

MARSHALL 1902 J. Bombay Nat. Hist. Soc. 14, 603.

MAYR u. STRESEMANN 1950 Evolution 4, 291–300.

MEINERTZHAGEN 1920 Ibis (11) 2, 164.

MEINERTZHAGEN 1927 Ibis (12) 3, 582–583.

MEINERTZHAGEN 1938 Ibis (14) 2, 685–687.

MEINERTZHAGEN 1954 Birds Arabia. London. 249–251.

MEKLENBURCEW 1937 Acta Univ. Asiae Med. 8a, Zool. 26, 40–41.

MEKLENBURCEW 1951 Izw. Akad. Nauk Kazach. SSR 105, Ser. Zool. 10, 137–140.

MEKLENBURCEW 1958 Trudy sredneaziat. Uniw. N.S. 130, 102.

MOLTSCHANOW u. ZARUDNYJ 1914 Ann. Mus. Zool. Acad. Sci. Petrograd 19, 461.

NIKOLSKIJ 1886 Trudy St.-Petersb. ob. jestest. 17, 397.

OSMASTON 1930 J. Bombay Nat. Hist. Soc. 34, 120.

PALUDAN 1938 J. Orn. 86, 616.

PALUDAN 1959 Vidensk. Medd. Dansk nat. hist. Foren. 122, 205–213.

PERREAU 1910 J. Bombay Nat. Hist. Soc. 19, 908.

RADDE u. WALTER 1889 Ornis 5, 60.

RATTRAY 1889 J. Bombay Nat. Hist. Soc. 12, 339.

RIPLEY 1964 Check-List Birds World. Cambridge/Mass. 10, 127.

SARUDNY u. HÄRMS 1926 J. Orn. 74, 42–47.

SCHESTOPEROW 1936 Bull. zool. Stat. sci. Res. Turkomania 1, 164.

SCHUKUROW 1962 Fauna pozwon. shiw. gor Bolsch. Balchany. Aschchabad. 79–80.

STEPANJAN 1969a Utsch. zap. Mosk. gos. ped. inst. 362. Fauna, ekol., geogr. shiw. 233.

STEPANJAN 1969b Utsch. zap. Mosk. gos. ped. inst. 394. Fauna, ekol. shiw. 133–134.

STEPANJAN u. STEPANJAN 1972 Sborn. „Fauna i ekol. shiw." 206.

STOLZMANN 1897 Bull. Soc. Nat. Moscou, N.S. 11, 73.

STRESEMANN 1925 Orn. Mber. 33, 176–181.

STRESEMANN 1928 J. Orn. 76, 385.

SWINHOE 1882 Ibis (4) 6, 106.

TICEHURST 1922 Ibis (11) 4, 634.

TICEHURST 1926 J. Bombay Nat. Hist. Soc. 31, 706–707.

VAURIE 1949 Amer. Mus. Novit. 1425, 24–28, 44.

VAURIE 1959 Birds palearct. Fauna. Passeriformes. London. 345.

WAITE 1934 J. Bombay Nat. Hist. Soc. 37, 689.

WHISTLER 1922 Ibis (11) 4, 300–302.

WHISTLER 1944 J. Bombay Nat. Hist. Soc. 45, 62–63.

WHITEHEAD 1907 J. Bombay Nat. Hist. Soc. 18, 192.

WHITEHEAD 1909 Ibis (9) 3, 216–217.

WILLIAMS u. WILLIAMS 1929 J. Bombay Nat. Hist. Soc. 33, 603.

WITHERBY 1903 Ibis (8) 3, 546.

ZALETAEV 1968 Natur. environm. and birds in Transcaspian north. deserts. Moscow. 110, 123.

ZARUDNYJ 1896 Orn. fauna Zakasp. kraja. Moskwa. 59–62.

ZARUDNYJ 1900 Mem. Acad. Sci. St.-Petersb. 8/10, 238–239.

ZARUDNYJ 1903 Oiseaux Perse orient. St.-Petersb. 445–446, 448–451.

ZARUDNYJ 1911 Mess. Orn. 2, 92.

ZARUDNYJ 1914 Pticy pust. Kyzyl-Kum. Moskwa. 72.

ZARUDNYJ 1923 Izw. Turkest. geogr. Ob. 16, 72–81.

ZARUDNYJ 1926 Bjull. Mosk. ob. isp. prir., N.S. 35, Biol. 3–4, 265–266.

Oenanthe picata (Blyth)

Schwarzsteinschmätzer

Verwandtschaft

Die systematische Stellung scheint noch nicht abschließend geklärt zu sein. Nicht selten ordnete man *Oe. picata* der Steinschmätzer-Gruppe „*lugens-lugubris*“ zu (STRESEMANN 1925, MEINERTZHAGEN 1954, HALL u. MOREAU 1970). Während STRESEMANN (l. c.) *picata* sogar für eine Unterart von *Oe. lugubris* hielt, besteht heute kein Zweifel mehr über die Selbständigkeit der Art. Nach LOSKOTS Auffassung hebt sich *Oenanthe picata* wegen ihrer besonderen Gefiederzeichnung und -färbung scharf genug von den Vertretern der *lugens-lugubris*-Gruppe ab; von *Oe. lugens* unterscheidet sie sich außerdem durch die Flügelformel, von *Oe. lugubris* durch die Körperproportionen.

Auffallend ist die Ähnlichkeit der Gefiederfärbung schwarzbäuchiger *picata*-Männchen und der Männchen von *Oe. leucura*; beide Arten haben auch ähnliche Schwingenformeln. Doch gerade diesen scheinbaren verwandtschaftlichen Annäherungen widersprechen wesentliche Unterschiede der Körpermaße und die Besonderheit in der Verbreitung.

Die Klärung der verwandtschaftlichen Beziehungen von *Oe. picata* fordert nach Meinung LOSKOTS weitere Untersuchungen.

Gliederung und Verbreitung

Über die Systematik und die interessante Variabilität innerhalb der Art liegen uns aufschlußreiche Arbeiten vor (HARTERT 1910, ZARUDNYJ 1911, 1923, SARUDNY u. HÄRMS 1926, TICEHURST 1922, 1926, STRESEMANN 1925, IVANOV (= IWANOW) 1940, 1969, GROTE 1942, VAURIE 1949, 1959, MAYR u. STRESEMANN 1950, PALUDAN 1959, RIPLEY 1964). *Saxicola picata* Blyth, *S. opistholeuca* Strickland und *S. capistrata* Gould, im vergangenen Jahrhundert als selbständige Arten beschrieben, sind vom Standpunkt der heutigen Systematik aus gesehen nur unterschiedliche farbliche Morphen einer monotypischen Art. Mit Hilfe einer geographischen Verbreitungsanalyse dieser Farbmorphen konnte LOSKOT (1972) eine klare Abtrennung dreier Populationsgruppen aufstellen, für die jeweils ein bestimmtes Verbreitungsgebiet, besondere Habitatbedingungen und spezifische Verhältnisse der Farbvariationen charakteristisch sind. Zahlmäßig dominieren somit (gewöhnlich 90—100%) die Vertreter einer Farbmorphe.

Es werden 3 Unterarten gebildet:

a) *Oe. picata picata* (Blyth) in Süd-Turkmenien, Iran, Nordwest-Afghanistan, Pakistan, Gilgit und Kaschmir. Vertreter anderer Morphen kommen nur einzeln oder nicht zahlreich (bis 10%) vor.

b) *Oe. picata capistrata* (Gould) in Süd-Kasachstan, Ost-Turkmenien, Usbekistan, Südwest-Tadshikistan, und in benachbarten Gebieten Nordafghanistans mit 80—100% dominierend aber auch Populationen, die regelmäßig mit „*opistholeuca*“-Vertretern (mitunter bis zu 20%) vermischt sind; Vögel der Morphe „*picata*“ treten in diesem Fall nur verstreut auf.

c) *Oe. picata opistholeuca* (Strickland) in Darwaz, Badachschan und angrenzend Nordost-Afghanistan, Tschitral. „*picata*“ hierbei selten und gewöhnlich mit nicht mehr als 3—10% vertreten.

Karten der Verbreitung bei VAURIE 1949, MAYR u. STRESEMANN 1950, PALUDAN 1959, LOSKOT 1972.

Oekologie

Der Schwarzsteinschmätzer ist ein typischer Vertreter der Berg-Wüsten-Fauna. Die optimalen Bedingungen für die Fortpflanzung bieten ihm die Vorgebirge, wo zahlreiche Schluchten und Felsdurchbrüche mit steilabfallenden felsbedeckten Hängen vorhanden sind; in der Ebene ist er sowohl inmitten anstehender Berge als auch in Steilhängen und Flußuferhängen und Schluchten zu finden. Im gesamten Verbreitungsgebiet ist er an Lokalitäten mit wüstenhaftem Charakter gebunden. Orte mit dichtem Grasbewuchs werden gemieden. In weiten Teilen Mittelasiens und Irans brütet die Mehrzahl der Schwarzsteinschmätzer zusammen mit *Oenanthe finschi*, wobei *picata* gewöhnlich die felsigeren Partien für sich in Anspruch nimmt. Die drei Subspecies unterscheiden sich im Grad der Höhenverbreitung: Die am wenigsten petrophile Form *Oe. p. capistrata* brütet gewöhnlich in Lagen unter 1500 m; *Oe. p. picata* von den Vorgebirgen bis 3100 m in den Gebirgen Indiens (MEINERTZHAGEN 1927); *Oe. p. opistholeuca* hauptsächlich von 800—2500 m.

Die Mehrzahl der in den Vorgebirgen lebenden Vögel zeitigt gewöhnlich zwei Gelege pro Saison, das erste Ende März bis zur ersten Hälfte April, das zweite ab Mitte Mai. In Lagen über 1500 m kommt in der Regel nur 1 Gelege, gewöhnlich ab Mitte Mai, zustande. Das Nest liegt geschützt zwischen Steinen oder in Höhlen an Abhängen, manchmal auch an Gebäuden kleiner Siedlungen. Oft baut das Weibchen die Nestunterlage aus flachen Steinchen auf, deren Anzahl in Abhängigkeit der Nische von einigen wenigen bis ungefähr 450 Stück (1,6 kg) schwanken kann. Die Errichtung dieses Fundaments kann von wenigen Stunden bis zu 8 Tagen dauern. Das Nest, flach, locker, tassenförmig, setzt sich hauptsächlich aus Pflanzenmaterial zusammen, nur zuweilen ist die Nestmulde mit Pferdehaaren ausgelegt. Das Gelege besteht aus 4, gewöhnlich 5—6 Eiern.

Nach 13-tägiger Bebrütung schlüpfen die Jungen im Laufe von 24 Stunden. Nach 13—14 Tagen verlassen die Nestlinge das Nest, werden aber von den Eltern noch weitere 2 Wochen gefüttert. Während das Weibchen mit dem Nestbau für die Zweitbrut beginnt, versorgt das Männchen allein die Jungen der Erstbrut.

Die Nahrung bilden vorwiegend Insekten (in Turkmenien und Tadshikistan mehr als 90 Arten aus 45 Familien; LOSKOT unveröffentl.), seltener Spinnen, Asseln, Tausendfüßer. Zuweilen werden auch kleine Mollusken, junge Wüstenrenner (*Eremias*), Samen von Gräsern und Beeren (*Grewia* spec.; WAITE 1934) genommen. Der Hauptanteil des Futters sind Käfer, besonders Rüssel- und Laufkäfer, Hymenopteren (Ameisen), Schmetterlinge (Raupen von Eulenfaltern und Spannern), Orthopteren und Hemipteren, die teilweise auch als Nahrung für die Jungen der Erstbrut dienen, während in Turkmenien bei Jungen aus der Zweitbrut die Futterration hauptsächlich aus Orthopteren bestand (BELSKAJA 1961, ISCHADOW 1963).

Wanderungen

Die Schwarzsteinschmätzer überwintern im südlichen Iran (im Westen bis Schuschter) und in Afghanistan, nach Süden bis 32 °N, aber auch im Süden der Ostprovinz Afghanistans, in Pakistan und Nordwest-Indien nach Südosten bis Delhi, Zentralprovinzen von Madcha-Pradesh und den Unterläufen der Flüsse Narbada und Tapti (ALI u. RIPLEY 1973).

Im Süden Mittelasiens beginnt der Zug Ende August; der Hauptzug setzt im September ein, und nur ein kleiner Teil der Vögel verweilt noch bis Anfang Oktober. In den Winterquartieren in Pakistan und Indien erscheinen die ersten Zügler manchmal schon Ende Juli (BUTLER 1877, WHISTLER 1922), gewöhnlich aber erst Anfang bis Mitte August; doch zahlreicher werden die Schwarzsteinschmätzer erst Ende September—Oktober.

Der Rückzug aus den Überwinterungsgebieten setzt in der zweiten Hälfte Februar bis zum März ein. Die Zugtermine in die nördlichen Arealteile differieren um mehr als eineinhalb Monate: Mitte Februar bis erste Dekade April; in den meisten Gebieten erscheinen die Vögel im März.

VIII

1980

Grus nigricollis Przewalski

bearbeitet von

K. Wunderlich

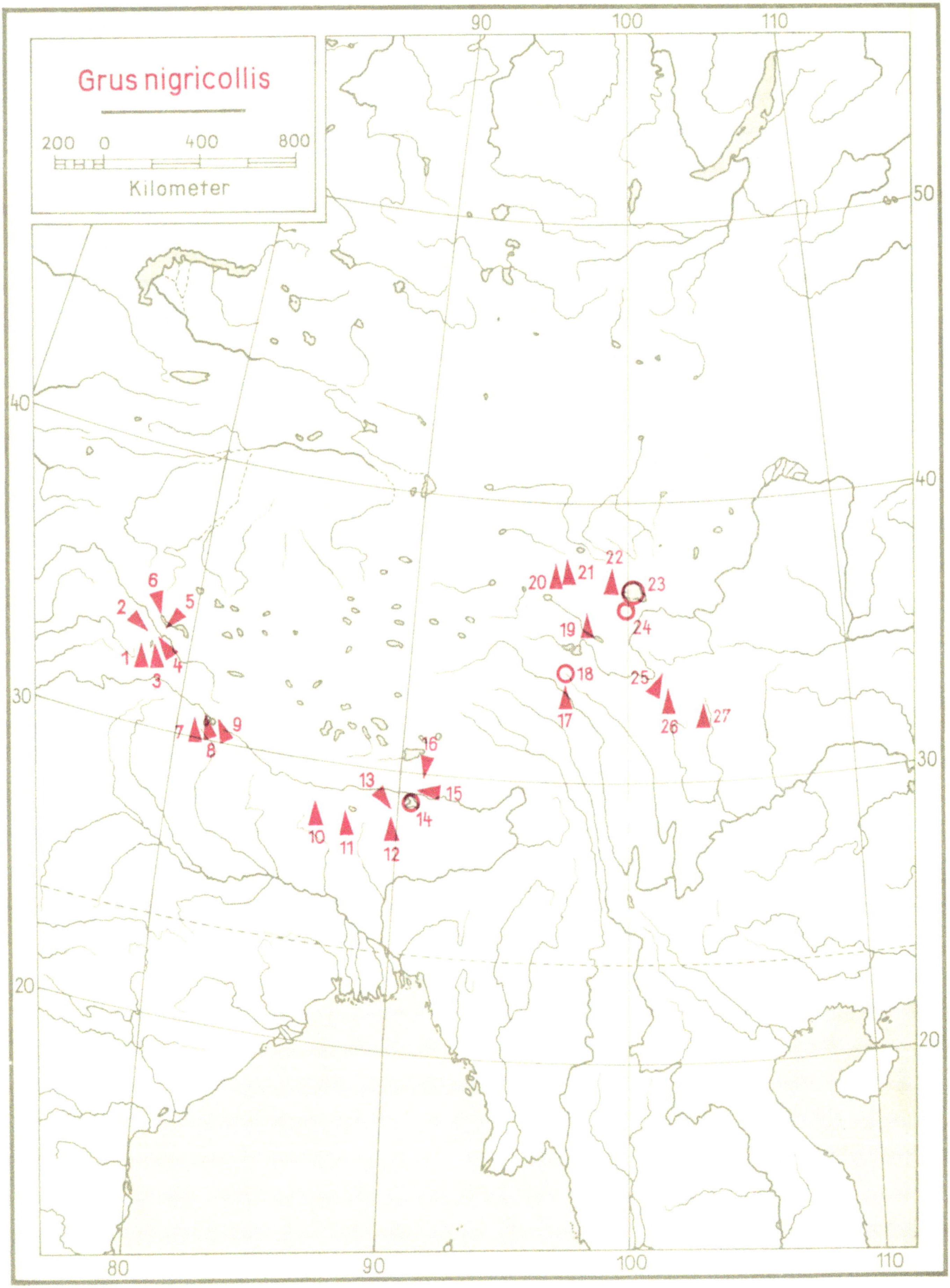
Grus nigricollis
200 0 400 800
Kilometer
90
100
110
50
40
40
30
30
20
20
80
90
100
110
1
2
3
4
5
6
7
8
9
10
11
12
13
14
15
16
17
18
19
20
21
22
23
24
25
26
27

FUNDORTLISTE

Nr.	Fundort		Quelle
1.	Chumo Tso	B	Ludlow 1920
2.	Tso Kar	A	Meinertzhagen 1927
3.	Moriri Tso	A	Osmaston 1925
–	Hanle-Marsch (1977, 1978)	AN	anon. 1978
4.	bei Puga	A	Meinertzhagen 1927
5.	Shushal	A	Osmaston 1925
–	Shushal-Sümpfe	A	Meinertzhagen 1927
6.	Chakar Talao (26. V.)	A	Meinertzhagen 1927
7.	Gyanima Tso (= Kharkho Tso)	B	Ali 1946
8.	Lejandak Tso	B	Ali 1946
9.	Ding Tso	N	Ali 1946
10.	Tingri	A	ide Walkfinshaw 1973
11.	Tinki-Ebene	A	Hingston 1927
12.	Hram Tso (= Bam Tso)	BN	Dresser 1906, Hartert 1921–1922
–	Hram Tso (V.)	A	Maclaren 1948
13.	E Kala Tso (V.)	A	Maclaren 1948
14.	Yamdrok Tso	A	Ludlow u. Kinnear 1937
–	bei Gyantse	A	Ludlow u. Kinnear 1937
–	bei Tsona	A	Ludlow u. Kinnear 1937
15.	Chushul	AN	fide Vaurie 1972, anon. 1978
16.	bei Lhasa	J	Walton 1906
–	Lhasa-Ebene	AJ	Ludlow 1950
17.	Hi Chu	A	fide Vaurie 1972
18.	Quellgebiet des Jalung	BN	Schäfer 1938
19.	Westufer Ngoring Nor	B	fide Cheng 1976
20.	S Kurlyk Nor	A	fide Vaurie 1972
21.	Bayan Gol (V.)	A	fide Vaurie 1972
22.	Tetung-Oberlauf (= Tatung Ho)	A	Prshewalskij 1876
23.	Kuku Nor	A	Prshewalskij 1876
–	Ostufer	B	Stresemann et al. 1938
–	Nordwestufer	B	fide Cheng 1976
24.	südliches Kuku Nor-Gebirge	A	Prshewalskij 1876, Kozlow 1925
25.	Tao-Oberlauf	A	fide Cheng 1976
26.	E Lanma	A	fide Cheng 1976
27.	Lager 5, NW Sungpan	A	Stone 1933

LITERATUR

Ali 1946 — J. Bombay Nat. Hist. Soc. 46, 305–306.

Ali u. Ripley 1969 — Birds India and Pakistan. 2. Bombay, London, New York. 139–140.

anon, 1978 — Brolga Bugle 4, 2–4.

Bangs 1932 — Field Mus. Nat. Hist. Chicago 18, 347.

Betts 1954 — J. Bombay Nat. Hist. Soc. 52, 605–606.

Cheng 1976 — List Chin. Birds (Rev. Ed.). Peking. 163–164.

Delacour u. Jabouille 1925 — Ibis 1 (12), 228.

Dresser 1906 — Ibis 6 (8), 347.

Grant 1900 — Ibis 6 (7), 604.

Hartert 1921–1922 — Vögel paläarkt. Fauna. 3. Berlin. 1815–1816.

Hartert u. Steinbacher 1938 — Vögel paläarkt. Fauna. Erg.-Bd. Berlin. 508.

Hingston 1927 — J. Bombay Nat. Hist. Soc. 32, 327.

Kozlow 1899 — Ann. Mus. Zool. St. Pétersb. 3, 261.

Kozlow 1925 — Mongolei, Amdo, Chara-Choto. Berlin. 158.

Ludlow 1920 — J. Bombay Nat. Hist. Soc. 27, 146.

Ludlow 1928 — J. Bombay Nat. Hist. Soc. 33, 78.

Ludlow 1944 — Ibis 86, 385.

Ludlow 1950 — Ibis 92, 42.

Ludlow 1951 — Ibis 93, 577.

Ludlow u. Kinnear 1937 — Ibis 1 (14), 502.

Maclaren 1948 — Ibis 90, 203.

Meinertzhagen 1927 — Ibis 3 (12), 624.

Osmaston 1925 — Ibis 1 (11), 719.

Oustalet 1893–1894 — Nouv. Arch. Mus. Hist. nat. Paris (3) 5, 85.

Prshewalskij 1876 — Mongolei u. Land Tanguten. St.-Peterburg. 2. 135–136.

Red Data Book 1966

Riley 1931 — Proc. U.S. Nat. Mus. 80, 12.

Schäfer 1938 — J. Orn. 86 (Sonderh.), 74, 75, 77, 79, 106–110.

Stone 1933 — Proc. Acad. Nat. Sci. Philadelphia 85, 180.

Stresemann et al. 1938 — J. Orn. 86, 208.

Vaurie 1965 — Birds palearct. Fauna. Non-Passeriformes. London. 332.

Vaurie 1972 — Tibet and its birds. London. 197.

Walkinshaw 1973 — Cranes of the World. New York. 63–69.

Walton 1906 — Ibis 6 (8), 250.

Weigold 1922 — Abh. Ber. Zool. Mus. Dresden 15, 70.

Weigold 1948 — Tibet einst ein Entwicklungszentrum. Festschr. 60. Geburtst. E. Stresemann. Heidelberg. 95–96.

Grus nigricollis Przewalski

Schwarzhalskranich

Zur Verbreitung

„Dieser große Kranich gehört zur Charakterfauna der höchsten tibetischen Steppengebiete, wo ich ihn nur in der Wildyaksteppe brütend angetroffen habe" (Schäfer 1938). Weigold (1948) kennzeichnet *G. nigricollis* als autochthone Form, die sich, höchstwahrscheinlich der alten Angara-Avifauna entstammend, als Anpassung an die noch nicht so ganz lebensfeindliche Randregion der hochtibetischen Provinz mit ihren Facies Grasland bzw. quellmooriges Grasland als gute Art entwickelt habe. „Das sind Formationen, die nicht erst im allerletzten Stadium der Hebung (Tibets — K. W.) entstanden sind, sondern im vorletzten... Da es sich um Lebensverhältnisse handelt, die, genau so ausgeprägt, heute anderswo nicht wiederkehren, werden wir...auch hier lokale Prägungen finden..." (l. c.).

Das Brutgebiet des Schwarzhalskranichs kann vorläufig nur umrissen werden. Fide Walkinshaw (1973) ist der Vogel zwischen 78° und 101° östl. Länge und 28° und 37° nördl. Breite brütend gefunden worden — dies entspräche herkömmlichen Formulierungen wie „von Ladakh östlich bis zur Kuku Nor-Region in Osttsinghai" etc.: vgl. Hartert und Steinbacher 1938, Vaurie 1965 und 1972, Ali und Ripley 1969, Walkinshaw 1973, Red Data Book 1966. Die jüngst von Cheng (1976) publizierte Spezialkarte der Verbreitung markiert eine „sichere" Nordgrenze des Brutareals zwischen etwa 92° und 102° östl. Länge, verlaufend auf 36° bis 37° nördl. Breite (vgl. bereits Prshewalskij 1876). Die vage Grenzziehung nach Westen, Süden und Osten läßt erkennen, daß die Species in ihrer sommerlichen Brutverbreitung nach wie vor ungenügend bekannt ist — wenn auch schon ein flüchtiger Vergleich mit unserem Kartenbild (das in den P. 1—16 ausschließlich Nachweise aus der ersten Hälfte des 20. Jahrhunderts zu dokumentieren vermag) zeigt, daß das vermeintliche Brutgebiet inzwischen stark nach Norden bzw. Zentraltibet zu zusammengeschrumpft sein könnte. Cheng deklariert das südliche West- und Mitteltibet kurz lediglich als Wandergebiet der Art, eine Ansicht, die allerdings präziser Stützung bedürfte. Seine wenigen Fundorte an traditionellen Plätzen im Nordosten (P. 19, 23, 25 u. 26) machen unseres Erachtens überdeutlich, daß das seenumkränzte und -durchsetzte Hochtibet (Jangtang = Nördliche Ebene) bis heute zoogeographisch nicht zureichend erforscht ist: Jedenfalls bleibt die Bekanntgabe neuer Brutnachweise dringend erwünscht. Sauey (anon. 1978) merkt an, daß *G. nigricollis* gegenwärtig seinen westlichsten Vorposten im Himalaya zweifellos verliere. Ohne unverzügliche Schutzmaßnahmen in Ladakh sei zu erwarten, daß die Art als Brutvogel aus Indien verschwindet.

Was die vertikale Verbreitung im Sommer angeht, so brütet *G. nigricollis* höher als jede andere Kranichart, nach Walkinshaw (1973) zwischen 3800 und etwa 4600 m Höhe. Angaben von Oustalet (1893—1894), Kozlow (1899), Osmaston (1925), Meinertzhagen (1927), Ali (1946) reichen teils noch darüber (bis 5000 m).

Das Red Data Book (1966) charakterisiert die Species als früher weitverbreitet, jetzt selten und an Zahl abnehmend. Eine Schätzung der verbliebenen Kopfgesamtzahl ist mangels verläßlicher Unterlagen nicht anstellbar. Der Rückgang sei durch Beeinträchtigung seitens des Menschen verursacht, weniger wohl an den menschenfernen hochtibetischen Plateau-Seen, den Brutplätzen, mehr in den wesentlich tiefer gelegenen kultivierten Wannen-Tälern Randtibets bzw. Fluß-Niederungen oder Ackerbau-Ebenen Mittelsüdchinas, wo die Vögel den Winter verbringen. Mehrere Autoren berichten übereinstimmend, daß die Tibeter diesen Kranich niemals belästigten.

Über Schutzmaßnahmen ist nichts bekannt; Mitte der 60er Jahre befanden sich lediglich 5 Exemplare in Gefangenschaft (3 im Zoo Chester, 2 im Zoo Johannesburg).

Oekologie

Die bislang wohl ausführlichste Darstellung des Schwarzhalskranich-Habitats in der Jangtang verdanken wir Schäfer (1938). Ihrer hohen Originalität wegen sei aus ihr im folgenden umfangreicher zitiert. „Die Wildyaksteppe, die eine durchschnittliche Höhe von 4500—4700 m besitzt, stellt das nördlichste und zugleich zusammenhängendste tibetische Steppenareal dar, da die Zertalung der großen Flüsse, die hier ihre Quellflüsse bzw. Quellseen und Seenplatten besitzen, noch nicht eingesetzt hat. Ein wüstes, in seinen Ausmaßen gewaltiges, durch seine menschenleeren Öden auf den Reisenden in jeder Weise unheimlich wirkendes Hochplateau dehnt sich dort aus. In ihren Tieflagen mit Sümpfen und spärlichem Gramineenbewuchs [*Stipa-*, *Carex-* und *Festuca*arten neben den tibetischen Charaktergräsern *Kabresia tibetica* und *Przewalskia tangutica* und den salzliebenden Leguminosen (*Caragana*)] ausgestattet, in ihren Hochlagen mit steilen, oft rötlichen, verwitterten Sandsteinformationen und Tonschieferhängen besetzt, bildet die Wildyaksteppe einen extrem vegetationsarmen, unwirtlichen Lebensraum von fast arktischer Weite... Erst Ende Juni erhalten die tiefen moorigen Senken und Sumpfgebiete den ersten grünen Schimmer...

Als Folgeerscheinung des lange gefrorenen Untergrundes ist die Wasserstandshöhe der Sumpfgebiete und Nakamoore in beträchtlichem Maße von den frühsommerlichen Schneefällen (Regen stellte ich nur im Juli und August fest) abhängig... Überall, wo Abfluß und Drainage fehlen, sind die Täler, Planebenen und Niederungsgebiete der Wildyaksteppe stark versumpft und für die Karawanen, deren Tragtiere hier die einzigen trügerischen Weidegründe finden, fast ungangbar. Die Naka-Moore der Jangtang erinnern in jeder Weise an die Tundren-Moore Nordasiens... Sie zeigen einen eigenartigen Aufbau, der durch die große Anzahl von dicht nebeneinanderstehenden Bülten und dazwischenliegenden, oft unergründlichen Moor- und Schlammlöchern ausgezeichnet ist."

Neben *G. nigricollis* treten (nach dem gleichen Autor) als Charakterarten des Wildyaklandes u. a. auf: *Syrrhaptes tibetanus, Larus ichthyaetus, Charadrius mongolus schäferi, Sterna hirundo tibetana, Tringa totanus eurhinus, Anser indicus, Casarca ferruginea, Haliaeetus leucoryphus, Aegypius monachus.*

Die Hauptbrutzeit fällt in Juni und Juli (vgl. auch MACLAREN 1948, p. 203). Ladakis berichteten MEINERTZHAGEN (1927), daß die Vögel gewöhnlich in der letzten Maiwoche wieder an ihren Brutplätzen (P. 2–4) zu beobachten seien und die Eiablage in der 2. Juliwoche begänne. „Die beiden alten Nester, die ich sah, waren riesige Pflanzenpolster, etwa 3 Fuß im Durchmesser und einige 10 inches hoch. Beide waren an hervorragenden Plätzen im Sumpfgelände angelegt, nicht jedoch im Wasser" (l. c.). ALI (1946) fand am 25. Juni auf einer schwimmenden Insel im Moorsaum des Ding Tso-Nordufers ein Nest aus wenigen ausgerissenen Schilfhalmen mit 1 frischen Ei. Fide DRESSER (1906) gelang am 12. Juni ein Zweier-Gelegefund in einer Mulde auf einem Inselchen nahe dem Bham Tso-Ufer; es war praktisch kein Nest vorhanden. STRESEMANN et al. (1938) vermerken einen Brutplatzfund am Kuku Nord-Ostufer für den 18. Juni. In SCHÄFERS Forschungsgebiet waren am 20. April alle Kraniche zurückgekehrt. „Sie waren alle schon gepaart und verhielten sich bis zum Beginn der eigentlichen Brutzeit recht vertraut... Ende Mai, also zu einer Zeit, wo noch heftige Nachtfröste herrschen, werden die ersten Eier gelegt. Noch Mitte Juni fand ich Kranichgelege im hohen Schnee, die so weit bebrütet waren, daß die Embryonen schon voll entwickelt schienen...

Außerordentlich scharfsinnig sind die Schwarzhalskraniche in der Nähe ihrer Brutplätze, die sich im völlig deckungslosen Steppengelände befinden, da die Vegetationsperiode des Sumpfgrases erst im Juli einsetzt. Sie brüten nur auf kleinen Inseln flacher Nakateiche inmitten schwankenden Moorgrundes, so daß die Besichtigung eines Kranichnestes immer mit großen Schwierigkeiten, wenn nicht mit Gefahr, verbunden ist. Während die Kraniche, ohne im Morast einzusinken, durch die seichten Teiche waten, um zu ihren Nestern zu gelangen, versinkt der Mensch meist bis an die Hüften im zähen Moorgrund. An einigen Stellen hatten sich die Kraniche ihre Nistinseln nach Flamingoart selbst aus Schlamm errichtet. Die Ränder dieser Schlammnester waren stark überhöht, eine Auspolsterung war nicht vorhanden. Die Eier lagen ohne jegliche Unterlage auf dem nassen Moorboden. Meistens aber waren natürliche Inseln und Bodenvertiefungen von den Kranichen als Nistplätze ausgesucht worden. Manchmal lagen die großen Eier (1–2) auch völlig flach, ohne jegliche Mulde, auf den Inseln, so daß sie schon von weitem sichtbar waren. Schon auf 300–500 m Entfernung verließen die brütenden Vögel völlig unauffällig ihre Gelege und schlichen sich in gebückter Haltung davon, wobei sie jegliche Bodenvertiefung ausnutzen und trotz der tafelähnlichen Ausdehnung der flachen Moorebene für lange Zeit nicht zu sehen waren. Erst als sie sich mehrere Hundert Meter weit vom Nest befanden, richteten sich die Tiere auf und versuchten, den Mensch abzulenken."

Zur Eierfärbung, zu -maßen und -gewichten siehe SCHÄFER (1938), p. 109–110, auch ALI (1946).

WALKINSHAW (1973) hat die Neststandorte der Art typisiert (vgl. dort).

Wanderungen

Wohl mehr Strich- als Zugvogel.

Verbringt den Winter in niedrigen milden Lagen Randtibets; die westchinesischen (Tsinghai-)Vögel ziehen süd- bzw. südostwärts, dabei den meridionalen Stromfurchen folgend – einige erreichten winters fast Meereshöhe im nördlichen Vietnam (Raum Hanoi u. Hadong – siehe DELACOUR u. JABOUILLE 1925). „Im Süden, von Jünnan bis Oberbirma, grenzt das Überwinterungsgebiet an das des sibirischen Kranichs (*G. g. lilfordi*)... Der sibirische Kranich zieht also über die Überwinterungsgebiete des Schwarzhalskranichs hinweg" (SCHÄFER 1938). Weitere Nachweise zur Zugzeit für Jünnan u. a. bei GRANT (1900), RILEY (1931), BANGS (1932), SCHÄFER (1938). WEIGOLD (1922) registrierte einen Flug von 7 Anfang April am Waschan-See (neu für Szetschwan). LUDLOW (1928, 1944, 1950, 1951) vermerkt winterliche Begegnungen mit zum Teil kopfstarken (bis 200) Flügen in Südosttibet (Dongtse, zwischen Gyantse u. Lhagyari, bei Chera am Tsangpo, Kyi Chu-Tal, E Temo Gompa). In den ‚rongs' oder kultivierten Tälern Südtibets können im Winter die Streifengänse angetroffen werden, einmal auf abgeernteten Gerstefeldern oder flachen Flußbänken, auf denen sie sich sonnen. In ähnlicher Situation befinden sich... hier und da Flüge von *G. nigricollis*" (LUDLOW 1928). Einen (vgl. auch ALI u. RIPLEY 1969) Nachweis für Indien führte BETTS (1954): Seit langem und jährlich erschienen 20–40 Exemplare etwa Mitte November im Apa Tani-Tal (Subansiri Frontier Division, NEFA) und verließen es geschlossen ca. Ende Februar. Nach KHACHER (anon. 1978) besucht die Art seit 1977 nicht mehr, sehr wahrscheinlich ausgelöst durch kürzliches Einführen von Schußwaffen ins Tal und darauffolgendes Bejagen der Vögel. ALI und KHACHER (anon. 1978) meldeten einen Trupp von 13 ad. und 5 jur .aus einem Tal in E-Bhutan im Januar 1978.

Laut SCHÄFER (1938) findet der Zug im März/April und September/Oktober statt. „Im September ziehen die Familien im Lande umher. Zu dieser Zeit sind die Jungvögel noch viel kleiner als die Alten und lassen sich auch an der uniformgrauen Färbung und dem bräunlichen Hals leicht unterscheiden. Später scharen sich die Schwarzhalskraniche dann zu größeren Schwärmen, die bis zu 100 Individuen zählen können, zusammen und ziehen etappenweise mit der intensiver werdenden Kälte nach Süden" (l. c.). Für Ladakh wurde MEINERTZHAGEN (1927) berichtet, daß die Vögel, sobald die Jungen flügge seien, abzögen. Dies geschehe gewöhnlich nach dem ersten Schneefall (Oktober ?).

LUDLOW (1951 in litt. an WALKINSHAW) stellte Mitte Oktober herbstliche Zügler in die niedriger gelegenen tibetischen Täler fest.

VIII

1980

Grus japonensis (Müller)

bearbeitet von

I. A. Neufeldt u. K. Wunderlich

— Noworusanowka (N Swijagino)	AB	SCHULPIN 1936, SCHIBAJEW 1976
6. Ootsu-Mündung	N	MASATOMI u. KITAGAWA 1974
7. Kushiro- u. Akkeshi-Sümpfe	N	MASATOMI u. KITAGAWA 1974
— Kiritappu-Sümpfe	N	MASATOMI u. KITAGAWA 1974
8. Halbinsel Nemuro	N	MASATOMI u. KITAGAWA 1974
— Furen-See	N	MASATOMI u. KITAGAWA 1974
— Flüsse Nishibetsu u. Shibetsu	N	MASATOMI u. KITAGAWA 1974
9. Tofutsu-See	A	MASATOMI u. KITAGAWA 1974

Anmerkungen

Zu P. 1:

Erst nach Fertigstellung der Karte wurde uns das folgende Brutvorkommen bekannt: Unterläufe von Unma und Birma, Tom-Mittellauf und -Mündung in Zeja (ABN, FLINT u. SMIRENSKIJ 1977). Es liegt rd. 250 km nordwestlich der Bureja-Archara-Niederung.

Zu P. 3:

Nach Fertigstellen der Karte bekanntgeworden: Bolonj-Bassin — Flüsse Simmi, Seljgon, Charpi (B, ROSLJAKOW 1977). Dieses Gebiet liegt ca. 100 km NE.

LITERATUR

ARCHIBALD 1972 — Yacho 37, 450—467.
ARCHIBALD 1976 — Proc. Int. Crane Workshop 1, 248.
ARCHIBALD, ANDERSON 1977 — Tezisy 7. Wsesojuzn. Orn. Konf. Kiew 2, 191.
AUSTIN 1948 — Bull. Mus. comp. Zool. Harvard 101, 99—100.
CHENG 1976 — List Chines. Birds (Rev. Ed.). Peking. 164—165.
FLINT u. SMIRENSKIJ 1977 — Tezisy 7. Wsesojuzn. Orn. Konf. Kiew 2, 251.
HEMMINGSEN 1951 — Spolia Zool. Mus. Haun. 11, 66—74.
HEMMINGSEN u. GUILDAL 1968 — Spolia Zool. Mus. Haun. 28, 301—302.
JAKOWLEW 1929 — Shiwotn. mir Manjtschshurii. Charbin. 27.
KAZANO 1933 — Tori 8, 148.
KIM u. OESTING 1977 — Crane research round the world 1, im Druck.
KOGA 1975 — Zool. Garten (NF) Lpz. 45, 81—86.
MASATOMI u. KITAGAWA 1974 — Journ. Fac. Sci. Hokkaido Univ. Zool. 19, 777—802.
MEISE 1934 — Abh. Ber. Mus. Tierk. Völkerk. Dresden 18, 80.
PANKIN u. NEUFELDT 1976 — Trudy Oksk. zapow. 13, 86—92.
POLIWANOWA et al. 1975 — Bjull. Moskowsk. ispyt. prirod., biol., 80, 49—58.
Red Data Book 1966
ROSLJAKOW 1977 — Tezisy 7. Wsesojuzn. Orn. Konf. Kiew 2, 242.
SCHIBAJEW 1975 — Proc. Inst. Biol. Ped. Far East Sci. Cent. Acad. Sci. USSR. 29, 256—261.
SCHIBAJEW 1976 — Trudy Oksk. zapow. 13, 85—86.
SCHIBNEW 1976 — Trudy Oksk. zapow. 13, 85.
SCHULPIN 1956 — Promysl., ochotn. i chischtschn. pticy Primorja. Wladiwostok. 312—317.
SCHUNTOW 1961 — Priroda 12, 12—13.
SOWERBY 1923 — Naturalist in Manchuria II—III. Tientsin. 222—223.
SPANGENBERG 1965 — Arch. Mus. Zool. Univ. Moscou 9, 106.
STYAN 1891 — Ibis 3 (12), 502.
TACZANOWSKI 1893 — Faune Orn. Sib. Orient. 2. St.-Pétersb. 806—809.
TAKAHASHI 1937a — Tori 9, 472.
TAKAHASHI 1937b — Trans. Saghalien Mus. 1, 113.
TAKA-TSUKASA 1967 — Birds Nippon. Tokyo. 563—577.
WALKINSHAW 1973 — Cranes of the World. New York. 144—161.
WINTER 1977 — Bull. Moscow Soc. Nat., Biol. Ser., 82, 39—53.

Briefliche Auskünfte erteilten: JELSUKOW (Sichote-Alin-NSG), KLESTOW (Chanka-See-Ostufer), KUROTSCHKIN (Jüdisches Autonomes Gebiet, Babstowo), SCHIBNEW (Chanka-Becken)

Grus japonensis (Müller)

Mandschurenkranich

Gliederung

Bis vor kurzem wurde *G. japonensis* als monotypische Art angesehen, obwohl schon ziemlich langes voneinander isoliertes Vorkommen einer festländischen und einer Inselpopulation es gestattete, deren Divergenz zu vermuten.

Auf der Basis vergleichender Untersuchungen von Stimmäußerungen in Korea überwinternder und auf Hokkaido faktisch standorttreuer Vögel schlußfolgert ARCHIBALD, die Unterschiede zwischen beiden Populationen ließen subspezifische Differenzierung nicht abwegig erscheinen. „Die unterschiedlichen ‚unison calls' der kontinentalen und der japanischen Population deuten eine unzweifelhaft zu erkennende genetische Differenz zwischen beiden an. Seitdem Reste der asiatischen Population in der Nähe Panmunjons, in der demilitarisierten Zone Koreas, überwintern, habe ich empfohlen, der Festlandspopulation den Unterartnamen *Grus japonensis panmunjomii* und der japanischen Nominatstatus als *Grus japonensis japonensis* zu verleihen" (1976, p. 248).

Weitere Unterschiede zwischen Vögeln vom Kontinent und solchen von Hokkaido sind bislang nicht zu erkennen.

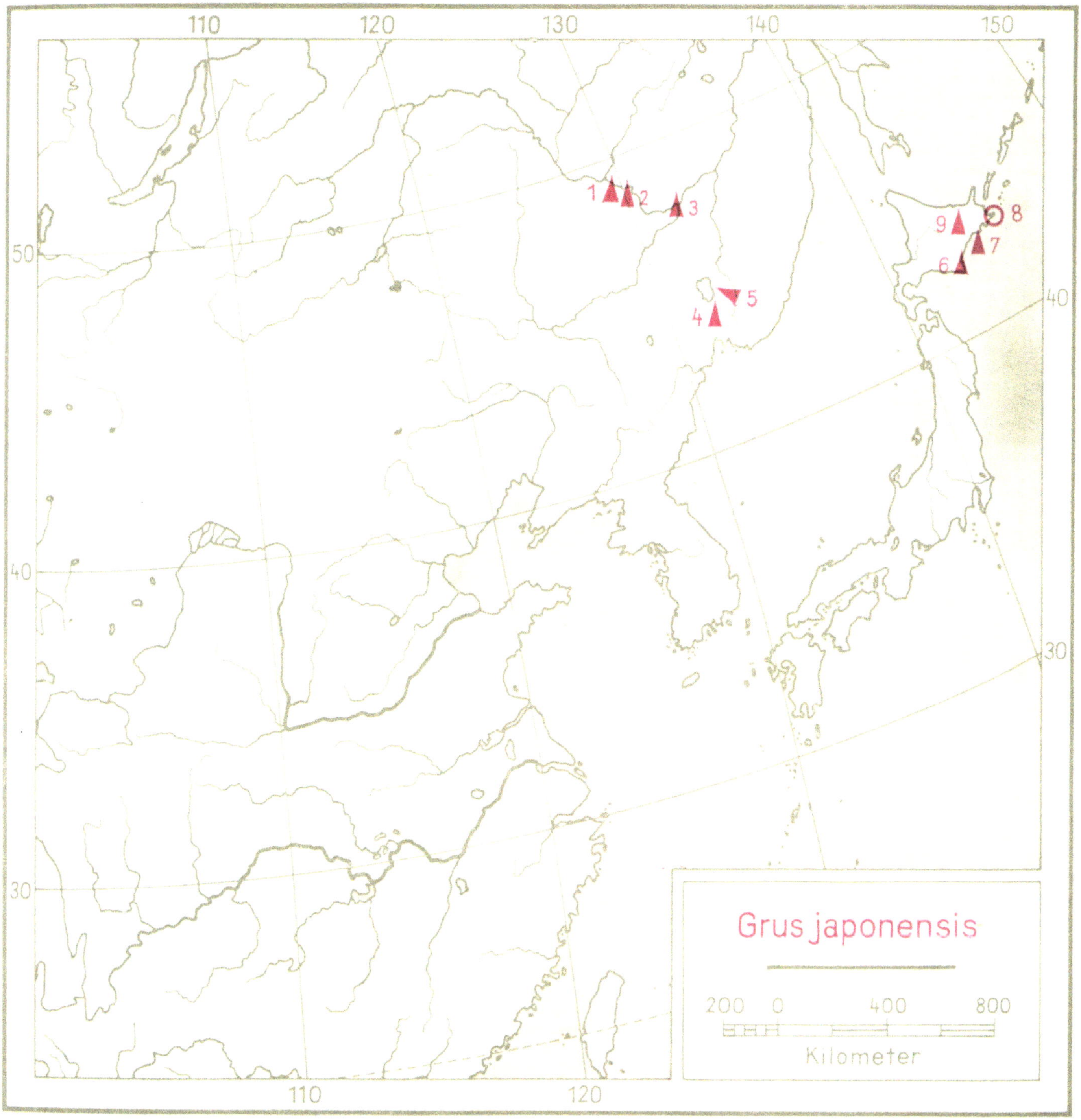

FUNDORTLISTE

1.	Bureja-Archara-Niederung	↓	NJ	Pankin u. Neufeldt 1976, Winter 1977
—	Raum Ukrainka (zw. Swobodnoje u. Skobeljzino)		NJ	Pankin u. Neufeldt 1976
2.	Niederung zwischen Archara u. Chingan		B	Pankin u. Neufeldt 1976, Winter brfl. 1977
—	Umgebung von Shurawlewka, Kasatkino u. Sagibowo, Uril-Niederung		B	Pankin u. Neufeldt 1976
3.	Lebjashe-See (S Babstowo)	↓	N	Kurotschkin brfl. 1977
4.	Ilistaja-Unterlauf (= Lefu)		N	Poliwanowa et al. 1975
—	Siwakowka		N	Schulpin 1936
—	Altynowka		N	Schulpin 1936
5.	Spasowka-Unterlauf (= Santacheza)		N	Schibnew brfl. 1977
—	Lebedinoje-See nordwärts bis Gnilaja-Fluß		N	Schibnew brfl. 1977
—	Tschkalowskoje		B	Schibajew 1976

Zur Verbreitung

Die Kopfgesamtzahl ist gering, das Brutareal stark eingeschränkt. Brüten ist gegenwärtig zuverlässig nur aus dem Süden des sowjetischen Fernen Ostens und von Hokkaido bekannt. CHENGS (1976) Verbreitungskarte für die Mandschurei läßt leider offen, ob es sich bei den markierten Fundorten um aktuelle Brutplätze oder lediglich neuere sommerliche Sichtnachweise handelt. Festlands- und Inselpopulation sind voneinander getrennt, nur einzelne Stücke streichen wohl gelegentlich über die Grenzen hinweg und geraten eventuell (z.B. in der Zugzeit) in Lebensräume der anderen (siehe „Wanderungen“).

Die Population auf dem Kontinent ist sehr wahrscheinlich nur wenig kopfstark. Brutnachweise: Chanka-Niederung (P. 4 u. 5) — während der Saison 1963 nicht mehr als 15 Paare (SCHIBAJEW 1976), 1976 und 1977 rund 10 (SCHIBNEW brfl. 1977). POLIWANOWA et al. (1975) schätzten die Zahl der Brutpaare dort von 1971—1973 auf etwa 40; sie dürfte insofern zu hoch veranschlagt worden sein, als alle angetroffenen Sommervögel in Betracht gezogen wurden, unter denen sich zweifellos auch Nichtbrüter befanden. Mittleres Amur-Becken (P. 1—3): Beim Kontrollieren der Täler von Unma, Birma und Tom samt Mündung vom Flugzeug aus konnten im Mai 1977 auf 487 km Strecke neben 4 Nestern mit Eiern, 4 Paare und 2 einzelne Mandschurenkraniche ausgemacht werden (FLINT u. SMIRENSKIJ 1977). Südlich Babstowo nistete 1 Paar (KUROTSCHIN brfl. 1977). Im Bureja-Chingan-Bassin zwischen 1956 und 1971 ca. 15 Brutpaare (PANKIN u. NEUFELDT 1976). Nach Angaben WINTERS (1977) brüteten 1975 in der Bureja-Archara-Niederung in Moorkomplexen von 162 km² Fläche 8 Paare, weitere 8—12 unverpaarte Stücke wurden beobachtet. Im Zwischenstromland von Archara und Chingan waren 5 Paare. Am unteren Amur (Bolonj-Bassin) halten sich sommers 13—15 Paare auf (ROSLJAKOW 1977).

Es ist durchaus möglich, daß einzelne Brutplätze jenseits des Amurs in der Sungari-Niederung noch intakt sind, ebenso an den Unterläufen der östlichen Zuflüsse des Ussuri. Folgende sommerliche Nachweise scheinen geeignet, dies zu stützen: Am 1. Juni 1938 im Tal der Großen Ussurka (= Iman) fliegendes Paar (SPANGENBERG 1965), am 2. Mai 1959 3 Exemplare an der Mündung des Kanichez in den Bikin, im Juni 1969 überhinfliegende einzelne Vögel im Raum Silanj-Schanja (SCHIBNEW 1976).

Was die japanische Population betrifft, so werden gegenwärtig rund 200 Exemplare gezählt, die weitläufige Sumpfgebiete des östlichen Hokkaidos (P. 6—9) bewohnen (MASATOMI u. KITAGAWA 1974). 1972 brüteten 53 Paare (KOGA 1975). Detailliert zur einstigen und augenblicklichen Verbreitung auf Hokkaido siehe die überaus bedeutsame Arbeit MASATOMIS und KITAGAWAS (1974), auf die immer wieder verwiesen werden muß. Die von beiden Autoren aufgeführten Gebiete besiedelte die Species wohl bereits vordem, allerdings in größerer Zahl und gleichmäßiger — das Areal hatte nicht den zerrissenen Charakter von heute.

Vom Festland verfügen wir nicht über faktisches Material, das Auskunft über das Ausmaß ehemaliger Brutvorkommen zu geben vermöchte, lediglich darüber, daß nicht geringer und regulärer Durchzug im Raum Chinwangtao (HEMMINGSEN u. GUILDAL 1968) stattfinde und wiederholte Begegnungen im koreanischen Winterquartier vermerkt wurden (AUSTIN 1948, TAKA-TSUKASA 1967, KIM u. OESTING 1977). In Japan brütete die Art einst auch in Südwest-Hokkaido und verbrachte den Winter, außer im Süden und Osten dieser Insel, nicht selten in Nord-Honshu.

Die Faktoren, die heute die Zahl dieser schönen Vögel verringern und ihre Vermehrung beeinträchtigen, sind überwiegend anthropogener Natur und werden durch andere wirkungsvoll flankiert, z. B. erheblichen Ausfall an juvenilen, von denen nach Angaben WINTERS (1977) 30—40% umkommen, bevor sie fliegen können — durch Überschwemmungen, Stürme (POLIWANOWA et al. 1975), natürliche Feinde. Um den Chanka-See und am Bureja-Unterlauf werden Feuchtgebiete in größerem Umfang melioriert und landwirtschaftlicher Nutzung zugänglich gemacht (PANKIN u. NEUFELDT 1976, SCHIBNEW brfl. 1977, WINTER 1977). Besonders nachhaltige Störung erfahren die Vögel dort im Frühjahr und Herbst; wenn die Jagd auf Federwild eröffnet worden ist — ein Abschießen einzelner Stücke der im übrigen streng geschützten Art passiert dann zuweilen. Ferner hält sich hartnäckig die Unsitte frühjährlichen Abbrennens winterdürrer Vegetation, was sich auch dann fortsetzt, wenn die Vögel Nester mit Eiern haben. Nicht zuletzt tritt der Auftrieb großer Mengen von Weidevieh (besonders Rindern) in sumpfigen Gegenden sehr störend in Erscheinung. — Für Korea nennen KIM und OESTING (1977) als negativ für die überwinternden Kraniche das Trockenlegen und landwirtschaftliche Nutzung mooriger Ländereien im Küstenbereich, wo die Vögel äsen; Fang durch Anrainer und Verunglücken an Überlandleitungen.

Was diesbezüglich die japanischen Verhältnisse angeht, so stand der Mandschurenkranich dort (aber nur außerhalb der Ainu-Insel Hokkaido) als Symbol für langes Leben seit altersher im großen und ganzen unter Schutz. Für Hokkaido wurden die ansässige Population 1924 auf weniger als 20 Exemplare geschätzt, 1925 ein Schutzgebiet von etwa 1200 ha Größe begründet, 1935 ein weiteres von über 2700 ha und die Kushiro-Vögel zum Naturdenkmal erklärt. Wenige Jahre nach dem 2. Weltkrieg wurde die ganze Species zum besonderen Naturdenkmal „befördert“, 1952 erfolgreich die Fütterung der Überwinterer gestartet. Heute genießt jene mehrfachen gesetzlichen Schutz. Sehr lesenswerte einschränkende Angaben, speziell hinsichtlich chronischer Bedrohung bzw. Beeinträchtigung der kostbaren Bruthabitate durch Industrie, Land- und Forstwirtschaft, Dränage, Straßenbau, Überlandleitungen, sorglose Angler, schaulustige Touristen, gedankenloses Feuerlegen etc. machen MASATOMI und KITAGAWA (1974, p. 785—786).

Spezialkarte der Verbreitung bei PANKIN und NEUFELDT 1976 (Amurgebiet), MASATOMI und KITAGAWA 1974 (Hokkaido), CHENG 1976 (Nordost-China).

Oekologie

Im Habitat müssen augenscheinlich folgende natürliche Bedingungen gegeben sein: Offenes Wasser, das Futtertiere enthält; relativ trockene mit lichtem, jedoch gut Deckung bietendem Gras bewachsene Stellen als Neststandorte und genügend großes Sehfeld ringsum. — Für die Unterläufe der Bureja und der Archara bezeichnen PANKIN und NEUFELDT (1976) und WINTER (1976) als Brutplätze verkrautete Sümpfe (Seggen-Binsen- u. Moos-Seggen-Binsen-Assoziationen), durchsetzt auch mit kleinen verschilften Hügeln, ferner Reitgras-Wiesen mit darin verstreuten Inselchen schütteren, niedrigwüchsigen Eichen-Birkenwaldes und Weidichts. Die Nester sind in überfluteten Partien mit vorjährigem Riedgras, das von herbstlichen und Frühjahrsbränden verschont geblieben ist. Als artcharakteristisch für den Chanka-See beschreiben POLIWANOWA et al. (1975) ausgedehnte Reitgras-Moore mit offenem Horizont, wenig morastig, naß allerdings oder zumindest feucht auch während der warmen Jahreszeit. Durch wechselnde Spiegelhöhe des Sees und veränderte Wasserstände in den Brutsümpfen zeigen sich die Vögel kaum beeindruckt. Vergraste Abschnitte mit spärlichem niedrigem Röhricht werden besonders gern als Neststandorte gewählt. 1973 waren die Sümpfe, in denen *G. japonensis* beobachtet wurde, 40—70 cm hoch überflutet. In ihnen fanden sich zerstreut lichte Reitgrasinseln; das Gras war knapp 1 m hoch. — Die Habitat-Konditionen auf Hokkaido beschreiben ausführlich MASATOMI und KITAGAWA 1974 (siehe dort p. 786—790).

Die Nester sind denen der übrigen *Grus*-Arten überaus ähnlich — in der Art einer Plattform aus niedergetretener Vegetation und in nächster Nähe ausgerupften Halmen und Stengeln von Gras, gewöhnlich angelegt auf kleinen Bodenerhebungen oder grasbewachsenen Inseln. Maße: 80—130 cm × 78—120 cm (POLIWANOWA et al. 1975, WINTER 1977). Nicht selten sind solche Bruteilande vom 30—50 cm tiefen Wasser umgeben, das sie 15—30 cm überragen. Für Japan vgl. auch TAKA-TSUKASA (1967) und WALKINSHAW (1973).

Die Eiablage beginnt Ende April/Anfang Mai; gelegentlich werden verspätete Gelege gemeldet. „Festländische" Vollgelege enthalten normal 2 Eier, 1 ist selten — 14 Eier maßen 95,3—117 × 65,6—74,4 mm (SCHULPIN 1936, POLIWANOWA et al. 1975, PANKIN u. NEUFELDT 1976, WINTER 1977). Ausgewählte Nestfunddaten vom Kontinent: Chanka-Niederung: Bei Altynowka Nest mit sehr stark bebrüteten Eiern (1 unbefruchtet) am 28. Mai 1928. Bei Siwakowka Fund eines Nests mit 1 stark bebrüteten Ei am 27. Mai 1927 — SCHULPIN (1936). Ilistaja-Tal: Nest mit zwei ganz wenig bebrüteten Eiern am 1. Mai 1973, schwach bebrütetes Zweier-Gelege am 13. Mai 1973 — POLIWANOWA et al. (1975). Mittleres Amurland: Bureja-Tal, Raum Ukrainka, Nester mit Vollgelegen am 29. April und 2. Mai 1971 — PANKIN und NEUFELDT (1976). 1975 waren die Gelege in 3 Nestern am 26. April komplett, in einem am 12. Mai. 1976 wurde Eiablage in 1 Nest zwischen 22. und 25. April registriert — WINTER (1977). Zeja-Becken, 18. Mai 1977, 4 Vollgelege (FLINT u. SMIRENSKIJ 1977). Am Lebjashje-See, nahe Babstowo, Nestfund am 20. Mai 1975, 1 Ei — KUROTSCHKIN brfl. 1977. — Fortpflanzungsdaten von *G. japonensis* auf Hokkaido siehe TAKA-TSUKASA (1967), WALKINSHAW (1973), MASATOMI und KITAGAWA (1974).

Zur Ernährungssituation gerade erst aus dem Winterquartier gekommener Vögel im Südprimorje schreibt SCHIBAJEW (1975): „Die Mandschurenkraniche, die im Frühjahr am Unterlauf der Tumannaja rasten, geraten in ein rauhes Milieu. Alle Lagunen und Seen sind noch mit Eis bedeckt, häufig blasen heftig kalte Winde aus Nordwest. Im März sind ergiebige Schneefälle mit auffrischender Luftbewegung nicht selten; jedoch vergeht der Niederschlag, dank Sonne und Wind, ziemlich rasch... In der 2. Märzhälfte begannen die Vögel... im Eis umgekommene Karauschen (*Carassius auratus*) zu sich zu nehmen ... schon am Morgen versammelten sie sich da, wo solche waren, und warteten geduldig, bis das Eis zurückging. Gemeinsam mit den bis zu 50 Kranichen stellten sich *Larus ridibundus*, *Corvus corone*, *Haliaeetus albicilla*, *H. pelagicus*, *Ardea cinerea* ein." — Für Japan vgl. bei MASATOMI und KITAGAWA (1974).

Zum herbstlichen Nahrungsspektrum am Chanka-See teilt SCHIBAJEW (1975) mit, daß gelegentlich hohen Wasserstands, der durch stürmischen Wind hervorgerufen worden war, Nager (hauptsächlich *Microtus fortis*) und Spitzmäuse (*Crocidura*, *Sorex*) ihre Baue verließen und sich trockenen Bodenerhebungen zuwandten. Viele der kleinen Säuger erfroren. Im Kot der Kraniche fanden sich zu diesem Zeitpunkt (11. 11.) ausschließlich Haare von Wühlmäusen (*Microtus*). — Der Magen eines im Sichote-Alin-NSG beim Dorf Samarga am 14. September 1972 geschossenen ♂ enthielt 3 Frösche, Gelbrandkäfer und Reste einer Laubheuschrecke (JELSUKOW brfl. 1977). Über das Nahrungsangebot im winterlichen Korea vermerken KIM und OESTING (1977): „Die in Korea überwinternden *G. japonensis* fressen überwiegend Reis, Insekten, Wasserschnecken, Gerste und Hirse. Sie bevorzugen das Gelände in der demilitarisierten Zone, wo man Gerste, Hirse und eine kleine Fischart für sie ausstreut." Laut ARCHIBALD und ANDERSON (1977) wurden auf verschlammten Sandbänken bei Inchon Polychäten aufgenommen.

Sehr wahrscheinlich wird unter natürlichen Voraussetzungen animalische Nahrung Vegetabilien vorgezogen.

Wanderungen

Die japanischen Vögel ziehen nicht (ARCHIBALD 1972); sie verbringen den Winter gewöhnlich ausnahmslos im Brutgebiet in Ost-Hokkaido, worin sie lediglich Streifereien unternehmen, sich dabei in Flügen von 40—80 Köpfen an diversen „feeding stations" und eisfreien Wasserflächen konzentrierend. Detaillierte Angaben dazu bei MASATOMI und KITAGAWA (1974, p. 795—796). Außerhalb der angeführten Plätze werden stets nur wenige Beobachtungen gemacht (l. c.).

Vom Überwintern der Vögel des Festlands weiß man zur Zeit nur aus Korea, einstige Winterquartiere in China (Jangtse-Tal u. Poyang-See) werden einzig durch STYAN (1891) belegt. Über die in Korea überwinternden siehe bei MASATOMI und KITAGAWA (1974), p. 782, 784. KIM und OESTING (1977) unterstreichen, daß etwa 100 Jahre zuvor die Species ziehend und als Wintergast in fast ganz Korea angetroffen werden konnte. Auch heute erscheine sie winters regelmäßig, allerdings in überaus geringer Zahl. Nach dem Korea-Krieg war in der Provinz Kangwon Do ein Flug von 12 Exemplaren gesehen worden; ebenso viele wurden im Winter 1973/74 in den Ästuarien des Changan und in der demilitarisierten Zone beobachtet. Die größte Zahl Vögel, die gleichzeitig zusammen ermittelt wurden, belief sich auf 8. Insgesamt erbrachten Erhebungen im winterlichen Korea von 1973/74 43 Mandschurenkraniche. — Über ehemalige Anwesenheitsziffern — als die überwinternden Scharen bis 70 und 80 Köpfe stark waren — vgl. auch bei AUSTIN (1948). — Die Ankunft in Korea geschieht Anfang Dezember, zu gleicher Zeit mit der von *G. monacha* und knapp 1 Monat später als die von *G. vipio*. Abzug findet in der zweiten Märzhälfte statt.

Durchzug auf dem Kontinent brütender Vögel war, wenn auch nicht besonders umfangreich, noch in jüngerer Vergangenheit gut in Nordost-China (Rand der Liaodung-Halbinsel) und Primorje zu verfolgen. Momentan kann über Zugdaten nur aus der Sowjetunion verfügt werden; letzte chinesische stammen von 1942—1945.

Zum Zugverlauf: Heute werden wahrscheinlich 2 Routen genommen — einmal von Nordost-China Sungari-abwärts und dann den Amur entlang. Repräsentative Daten aus diesem Arealteil: Frühjahrszug bei Bejdajche, Raum Chinwangtao (HEMMINGSEN u. GUILDAL 1968), 1943 am 17. März, 1944 am 12. März, 1945 am 23. und 25. März. — Erstbeobachtung am Brutplatz im Bureja-Tal (Ukrainka) in verschiedenen Jahren Ende März/Anfang April (PANKIN u. NEUFELDT 1976), 1976 am 24. März (WINTER 1977). In der Umgebung Charbins wurde am 4. April 1925 ein Exemplar aus einem Flug von 6 geschossen (JAKOWLEW 1929); es könnten noch Durchzügler gewesen sein. Letzte Begegnungen am Ukrainka-Brutplatz 1967 am 8. November, 1968 8. November, 1971 21. September (PANKIN u. NEUFELDT 1976). — Der Herbstzug in den Brutarealgrenzen geht im September und Oktober vonstatten und währt manchmal bis November; in der Regel jedoch wandern die Vögel schon Ende Oktober und im November außerhalb ihrer Zugzeit. Einige Fundorte: Bei Zizikar ad. ♂ im September 1927 gesammelt (Coll. Zoll. Inst. Leningrad). Nahe Charbin ad. ♀ am 3. November 1922 (MEISE 1934). Bei Bodune (= Fujuj = Petuna), am Sungari oberhalb Charbins, Mandschurenkraniche im September zahlreich auf Mooren (SOWERBY 1923). Bei Bejdajche (SW Chinwangtao) zog die Art relativ spät, 1942—1945 ab 22.—26. Oktober. Zugspitze 1943 am 11. und 12. November, 1944 14. November, 1945 23. November (HEMMINGSEN u. GUILDAL 1968). — Im Gegensatz zu anderen Kranichen bildet *G. japonensis* selten gemischte Flüge; in 4 herbstlichen Zugzeiten wurden nur 6 Mandschurenkraniche, die mit *G. grus* zusammen zogen, registriert: einmal 4 und 6 *G. grus*, ein anderes Mal 2 *G. japonensis* mit 28 ihrer grauen Verwandten (HEMMINGSEN 1951).

Die 2. Zugstraße der Festlandvögel verläuft über das Primorje: vom Westrand der Bucht PETERS des Großen durch Razdolnaja-Bassin (= Sujfun-), Chanka-Niederung und Ussuri-Tal samt den Unterläufen von dessen östlichen Zuflüssen. Von hier gelangen die Rückzügler sowohl an Sungari als auch ins Amurland. Nach ermittelten Kopfzahlen zu urteilen, könnte diese Route jetzt die überwiegend eingeschlagene, wenn nicht die einzige sein. Konkreta für diesen Bereich: Laut SCHIBAJEW (1975) nehmen Mandschurenkraniche regelmäßig in der sumpfigen Ebene zwischen unterem Lauf der Tumannaja und Expeditions-Bucht Zwischenaufenthalt. Meist fallen sie hier Ende der 1. Märzhälfte ein, kurz nachdem sie von den koreanischen Überwinterungsplätzen aufgebrochen sind. Nach dem Mittel aus sechsjährigen Kontrollen (1961, 1964—1967, 1970) rasteten sie zwischen 10. und 27. März und flogen Ende März weiter nach Norden. Mitunter folgten Nachzügler bis zum 8. April. Es wurden bis zu 70 Exemplare gleichzeitig gesichtet, häufiger kleinere Flüge. Die Kopfgesamtzahl der im Frühjahr hier durchziehenden *G. japonensis* reicht von einigen 10 bis 150—200 — wahrscheinlich die komplette Population des Kontinents. Im Razdolnaja-Tal und Chanka-See-Becken machen die Vögel nur kurz halt. Erstbeobachtungen an SE-Chanka-Brutplätzen (Ilistaja) 22. März 1973 (POLIWANOWA et al. 1975), am E-Chanka (Spasowka-Mündung) 27. und 30. März 1961 (SCHIBAJEW 1975). Zum Herbstzug auf dieser Route: 1874 flogen sie im November den Ussuri aufwärts, als der Fluß vollständig zugefroren war; GODLEWSKI entdeckte Exemplare am Ufer sogar im Dezember (TACZANOWSKI 1893). Chanka-See-Ostufer: 7 Kraniche 1963 Ende September bis Beginn November zwischen Lebedinoje-See und Malyj Sungatschik (= Sungatscha), die letzten am 16. November (SCHIBAJEW 1975). KLESTOW (brfl. 1977) sah am 14. September im Raum Lebedinoje-See-Gnilaja-Fluß (12—15 km Wegstrecke) 15 Vögel. Im Mündungsgebiet der Razdolnaja bemerkte PRSHEWALSKIJ (Tagebuch der Ussuri-Reise 1867—1869, im Zool. Inst. Leningrad) die Art vom 22. Oktober bis zum 3. November. LITWINENKO (fide SCHIBAJEW 1975) sichtete 5 Kraniche am 22. November 1966 in der Kedrowaja-Niederung (Gebiet Primorskaja). Bei Sidimi (= Narwa) sammelte JANKOWSKI 1 ad. am 15. November 1866 (in Coll. Zool. Inst. Leningrad). Schließlich wurden 5 *G. japonensis* am 22. November 1966 an der Tumannaja beobachtet (SCHIBAJEW 1975).

Über verflogene Mandschurenkraniche ist wenig bekannt geworden. Zum gelegentlichen Überwintern in Kiushiu siehe bei MASATOMI und KITAGAWA (1974). Es kommt vor, daß einzelne im Primorje an der Küstenlinie gegenüber von Sachalin auftauchen (2jähriges ♂ am 14. 9. 1972 N Samarga ges.; in Coll. des Sichote-Alin-NSG — JELSUKOW brfl. 1977). Hin und wieder verstreicht die Art nach Sachalin und die benachbarte Insel Moneron [♂ am 1. 6. 1935 auf Moneron (Todomoshiri) — TAKAHASHI 1937 a]. Es kann nicht ausgeschlossen werden, daß Einzelgänger über Südsachalin hinauswandern — sie geraten dann auf die Kurilen und nach Hokkaido; eventuell geschieht derartiges auch in umgekehrter Richtung. Präzise Daten fehlen, lediglich gibt es folgende, das obige stützende Nachweise: TAKAHASHI (1937 b) — Species auf dem Zuge am Takotan-See bei Randomari (Westufer der Südsachalin-Halbinsel Krilon) beobachtet; SCHUNTOW (1961) berichtete über „helle Kraniche", möglicherweise *G. japonensis*, die Ende Oktober über dem Meer nahe dem Südostende Sachalins flogen.

Über Verfliegen zweier Stücke nach Taiwan siehe bei KAZANO (1933).

VIII

1980

Grus vipio Pallas

bearbeitet von

I. A. Neufeldt und K. Wunderlich

FUNDORTLISTE

1. Darasun (an d. Tura)	N	TACZANOWSKI 1873
2. Uljdza-Niederung	N	RADDE 1863
— Mittel- u. Oberlauf der Uljdza	J	KUTSCHERUK 1977
3. Sagibowo, Kasatkino, Shurawlewka	AB	PANKIN u. NEUFELDT 1976
— Kazanowka	N	BARANTSCHEJEW 1959
— Innokentjewka, Skobeljzino, Ukraina	NJ	PANKIN u. NEUFELDT 1976
4. Charbin	N	JOHANSEN 1930
5. Sienche (= Sintucha = Komissarowka)	N	PRSHEWALSKIJ 1867—1869
6. Lefu (= Ilistaja)	J	PRSHEWALSKIJ 1867—1869

LITERATUR

ARCHIBALD 1973 — Animal Kingdom 76, 16—21.

ARCHIBALD 1976 — Proc. Int. Crane Workshop 1, 225—251.

ARCHIBALD u. ANDERSON 1977 — Tezisy 7. Wsesojuzn. Orn. Konf. Kiew 2, 191.

AUSTIN 1948 — Bull. Mus. comp. Zool. Harvard 101, 100—102.

AUSTIN u. KURODA 1953 — Bull. Mus. comp. Zool. Harvard 109, 402.

BARANTSCHEJEW 1959 — Priroda Amursk. Obl. Blagoweschtschensk. 270.

Check-list Japanese birds 1974 — Tokyo. 88—89.

CHENG 1976 — List Chines. Birds (Rev. Ed.). Peking. 165, 166.

DOLGUSCHIN 1941 — Priroda i soz. chozjajstwo 8, 369.

DYMIN u. PANKIN 1975 — Proc. Inst. Biol. Ped. Far East Sci. Cent. Acad. Sci. USSR 29 (132), 265—266.

GORE u. WON 1971 — Birds Korea. Seoul u. Tokyo. 187.

HEMMINGSEN u. GUIDAL 1968 — Spolia Zool. Mus. Haun. 28, 304.

JACHONTOW 1976 — Trudy Oksk. zapow. 13, 121.

JAHN 1942 — J. Orn. 90, 295.

JOHANSEN 1930 — Beitr. Fortpflanzungsbiol. Vögel 6, 112.

KAZARINOW 1973 — Wopr. geogr. Daln. Wostoka 11, 14.

KIM u. OESTING 1977 — Crane research round the world 1, im Druck.

KISTJAKOWSKIJ u. SMOGORSHEWSKIJ 1973 — Wopr. geogr. Daln. Wostoka 11, 185.

KOGA 1975 — Zool. Garten (NF) 45, 86.

KURODA 1937 — Tori 9, 307—312.

KUTSCHERUK 1977 — Tezisy 7. Wsesojuzn. Orn. Konf. Kiew 2, 224—225.

LA TOUCHE 1933 — Handb. birds. East. China. London. 2. 295—296.

LEONOWITSCH 1976 — Trudy Oksk. zapow. 13, 122.

LEONTJEW 1976 — Trudy Oksk. zapow. 13, 122.

LUKASCHKIN 1934 — Westn. Manjtschshurii 9. Charbin. 18.

MEISE 1934 — Abh. Ber. Mus. Tierk. Völkerk. Dresden 18, 80.

OMELJKO 1976 — Trudy Oksk. zapow. 13, 122.

PANKIN u. NEUFELDT 1976 — Trudy Oksk. zapow. 13, 117—120.

PRSHEWALSKIJ 1867—1869 — Tagebuch Ussuri-Reise (im Zool. Inst. Leningrad).

PRSHEWALSKIJ 1876 — Mongolei u. Land Tanguten. St.-Petersb. 2, 136—137.

RADDE 1863 — Reisen Süden Ost-Sibirien. St. Petersb. 2, 314—317.

RUZSKIJ 1940 — Trav. Inst. Biol. Univ. Tomsk. 7, 119—120.

SATUNIN 1907 — Mat. ptic. Kawkaz. kraja. Tiflis. 98—100.

SCHIBAJEW 1975 — Proc. Inst. Biol. Ped. Far East Sci. Cent. Acad. Sci. USSR 29 (132), 265—266.

SCHIBNEW 1976 — Trudy Oksk. zapow. 13, 121—122.

SCHULPIN 1936 — Promysl., ochotn. i chischtschn. pticy Primorja. Wladiwostok. 317—321.

SPANGENBERG 1965 — Arch. Mus. Zool. Univ. Moscou 9, 106.

STYAN 1891 — Ibis 3 (12), 502.

SUDILOWSKAJA 1969 — Pticy Sow. Sojuza. Moskwa. 2. 128—131.

SUSCHKIN 1914 — Pticy Minusinsk. kraja, zapad. Sajana i Urjanchajsk. zemli. Moskwa. 127.

SUSCHKIN 1938 — Pticy Sow. Altaja. Moskwa—Leningrad. 1. 223.

TACZANOWSKI 1873 — J. Orn. 21, 100.

TAKA-TSUKASA 1967 — Birds Nippon. Tokyo. 577—585.

TUGARINOW 1916 — Messag. orn. 3, 151.

TUGARINOW 1932 — Trudy Mongolsk. Kommiss. 1, 17.

WALKINSHAW 1973 — Cranes of the world. New York. 184—196.

WILDER u. HUBBARD 1924 — J. North China Asiat. Soc. 55, 236.

ZARUDNYJ 1910 — Messag. Orn. 2, 105.

ZARUDNYJ 1916 — Izw. Turkest. Geogr. Ob. 12, 228.

Briefliche Auskünfte erteilten: KLESTOW (Ostufer d. Chanka-Sees), NAZAROW (Südufer d. Chanka-Sees), ROSLJAKOW (unteres Amurgebiet.)

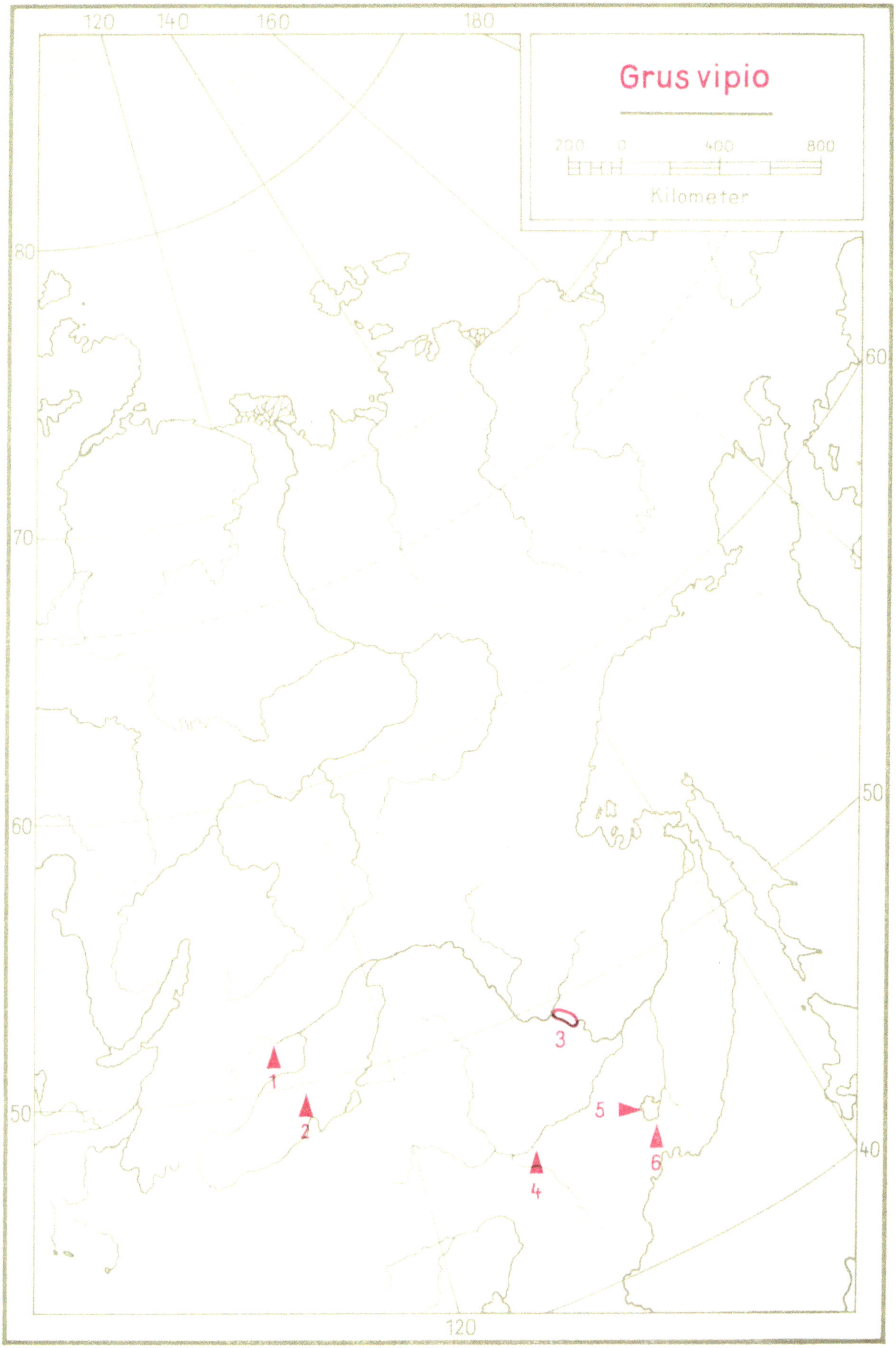

Grus vipio
200 0 400 800
Kilometer
120
140
160
180
80
70
60
50
60
50
40
120
1
2
3
4
5
6

Grus vipio Pallas

Weißnackenkranich

Verwandtschaft

Aus vergleichenden Untersuchungen der ,,unison calls" von 14 der 15 rezenten Kranicharten zieht ARCHIBALD (1976) den Schluß, daß *G. vipio* in die Gattung *Antigone* gehöre; desgleichen *G. antigone* und *G. rubicunda*. (,,unison call — the loud duet given by mated pairs and characterized by various posterings of the neck and wings... Each species has a unique unison call and the structure of the display is not altered by the environment in which the bird is reared. Therefore, because the structure of the unison call is genetically determined and has many vocal and visual characteristics, it was selected as a character to reveal crane taxonomy" [ARCHIBALD 1976, p. 225]).

Zur Verbreitung

Die Species lebt in waldlosen versumpften Ebenen im Amur-Bassin (Schilka u. Onon eingeschlossen), die der Wald-Steppen- und zum Teil der Steppenzone angehören. Einst war sie hier wohl ziemlich weit verbreitet. Jedenfalls ist das Brüten erwiesen; dennoch sind nur wenige Gelege gefunden oder noch nicht flügge Junge angetroffen worden — beides in den vergangenen 100 Jahren an weit voneinander entfernten Stellen: in Daurien und Nordostmongolei — Onon-Argun-Steppe (P. 1 u. 2) —, der Bureja- (P. 3), Sungari- (P. 4) und Chanka-See-Niederung (P. 5 u. 6).

Eine Zusammenschau wesentlicher literarischer Angaben ergab, daß brutzeitliche Begegnungen mit diesem Kranich an verschiedenen Orten im umrissenen Vorkommen stattgefunden haben. Es kann allerdings nicht ausgeschlossen werden, daß diese Daten teils auch brutunreife Stücke betreffen, die ein Nomadenleben in der Nähe von Brutplätzen führen. Mitteilungen Einheimischer über Brüten von *G. vipio* hier und dort dürfen Aufmerksamkeit beanspruchen, erfordern jedoch insofern kritische Nachprüfung, als — nach dem Habitat zu urteilen — auch von *G. monacha* die Rede sein könnte (siehe bei KAZARINOW 1973, SCHIBNEW 1976).

Verfügbare Daten über Sommervögel: Südtransbaikalien — LEONTJEW (1976): 1 Exemplar am Zun-Torej 22. Mai 1966; SCHTSCHEKIN registrierte 1960 1 Paar am 23. Juni bei Chara-Tyrka und am 22. Juli ein weiteres bei Karasair. DOLGUSCHIN (1941) schrieb, daß er zwischen 1. Juli und 20. August 1930 die Art an den Seen im Gebiet von Onon-Borzja zahlreich beobachten konnte.

Nordostmongolei — in den südöstlichen Kentej-Vorbergen — vom gesamten Uljdza-Tal bis zu den rechten Onon-Zuflüssen — fand KUTSCHERUK (1977) im August 1975: Im Dsharchaj-Bulak-Tal 2 Paare mit 3 flüggen juv., bei Norowlin 15 *G. vipio* zusammen mit *Anthropoides virgo*, an der Mündung des Schusyn-Gol (= Schusin-Gol) in den Onon 1 Paar, am Dund-Bajan-Gol-Unterlauf 3, 1 und 2 Exemplare, im Barun-Burt-Gol-Tal 2 Paare. Ad. ♀ vom 11. August 1931, Kerulen-Oberlauf (Kentej), in Coll. Zool. Inst. Leningrad (KOZLOW leg.).

Nordostchina (Mandschurei) — fide LUKASCHKIN (1934) wurde 1 Ex. im 1. Jahreskleid am 1. Mai 1934 nahe Jantuntun (32 km SE Tzitzikar) gesammelt. Siehe auch CHENG (1976, p. 166).

Oberes Amurland — Zeja: Nach dem Zeugnis lokal Anässiger brütete 1 Paar bei Krasnojapowo; Amur-Zeja-Plateau — am 31. Mai 1957 flogen 4 Weißnackenkraniche bei Ergelj, am 18. Juni 2 bei Klimauzy (PANKIN u. NEUFELDT 1976).

Unteres Amurgebiet — Umgebung von Birobidshan (JACHONTOW 1976): 1 Paar lebt an der Mitrofanowka (rechter Zufluß des In) und an der Glinjanka; 1975 wurden Weißnackenkraniche an der Tunguska, 50 km NW Chabarowsk, ausgemacht (ROSLJAKOW brfl. 1977); im Gebiet von Komsomolsk beobachteten KISTJAKOWSKIJ und SMORGORSHEWSKIJ (1973) Vögel am 21. Mai 1958 bei Ommi und am 25. Mai 1958 zwischen Amursk und Churba.

Östliche Ussurizuflüsse — Tschirka: Fide KAZARINOW (1973) brüten im Tschirka-Tal jedes Jahr mehrere Paare. Bikin: SCHIBNEW (1976) vermutet Brüten 2 km von Werchnij Perewal bis 1969 — er kontrollierte die Vögel von Juni bis Juli, vermochte jedoch nicht, ein Nest zu finden. Berichten von Jägern zufolge wurde 1963 dort ein Nest mit 2 Eiern entdeckt. Zweifellos ist die Species auch in den Konichez-Sümpfen und denen der Algan-Niederung Brutvogel. (NEUFELDT postuliert allerdings, das o. g. Nest stamme von *G. monacha*; es handelt sich um eines, das später PUKINSKIJ auffand.) Große Ussurka (= Iman): SPANGENBERG (1965) mutmaßt, daß speziell Weißnackenkranichen die Bezeichnung ,,graue Kraniche" seitens Einheimischer zukomme; 1 Exemplar sei am 12. Juni 1938 bei Wachumbe geschossen, ein einzelnes Stück zweimal im Mai 1939 vermerkt worden. Überdies lebe die Art am mittleren Iman. Nach Recherchen LEONOWITSCHS (1976) brütete 1958 1 Paar am rechten Gogolewka-Ufer.

Chanka-Niederung — Ostufer des Chanka-Sees: Laut SCHIBAJEW (1975) 1 Paar am 25. April 1963 am Lebedinoje-See (einziges Zusammentreffen in diesem Monat). Westufer: NETSCHAJEW traf 1 Paar am 28. April 1968 bei Platono-Alexandrowskoje (SCHIBAJEW 1975). Am Südufer begegnete SCHULPIN (1936) 5 *G. vipio* (25. IV. 1928).

Oekologie

Nach Angaben von Dybowski (Taczanowski 1873) brütete die Art in der Umgebung von Darasun (Südtransbaikalien) in sumpfigen Steppenpartien. In den Onon- und Uljdza-Bassins (NE-Mongolei, Kutscheruk 1977) Brüten ausschließlich in breiten, schalenförmigen, versumpften und waldlosen Tälern der Oberläufe kleiner Flüsse. Bei Ukrainka (Bureja-Niederung, Pankin u. Neufeldt 1976) wurden als Brutplätze weitläufige, offene, gut überschaubare Moore mit reicher Grasvegetation gewählt, auch wellige Marschen und Wiesen mit kleinen Bodenerhebungen.

Baut typische Kranichnester. Als Nistmaterial sind im Bureja-Tal niedergedrücktes Ried, zusammengetragene und ausgerupfte trockene Halme und Stengel hauptsächlich von Seggen, daneben Moosbüschel und Wurzelstücke notiert worden. Das Nest überragte das umgebende Wasser um 20 cm, der Durchmesser war 90 cm, der der Nestmulde 50 cm (Pankin u. Neufeldt 1976). — „Das Nest baut er aus trockenem Heu auf einer Erhöhung etliche Zoll über der Oberfläche eines Sumpfes..." (Taczanowski 1873).

Die Brutzeit beginnt im gesamten Areal Ende April/Anfang Mai. Detaillierte Angaben dazu: Raum Darasun — 1 Ei vom 3. Mai, Funde aber auch noch bis Ende Juni möglich (Taczanowski 1873). An der Uljdza waren bei einem ♀ (am 21. IV. geschossen worden) größere Eier im Eileiter; am 10. Mai Zweier-Gelegefund (Radde 1863). Bei Charbin Zweier-Gelege am 11. Mai 1914 (Johansen 1930). In der Bureja-Niederung Nest mit 2 Eiern am 29. April 1971, 28- bis 30tägige Junge am 21. Juni 1970 (Pankin u. Neufeldt 1976). Für das Sienche-Tal (= Sintucha = Komissarowka) führt Prshewalskij (Tagebuch 1867—1869) 2—3 Tage alte Junge an (1. Juni 1869).

Die Eier ähneln farblich sehr denen von *G. grus*: Grund grünlich-graubraun, über die gesamte Oberfläche sind bräunlich-graubraune, oliv getönte Flecken zerstreut, gegen den stumpfen Pol hin etwas verdichtet. Maße von 13 Stück: 87—107 × 59,2—67,3 mm.

Zum Nahrungsspektrum siehe die Erhebungen im japanischen Winterquartier (Taka-Tsukasa 1967). Für Korea geben Kim und Oesting (1977) an: „*G. vipio* nimmt Gramineenwurzeln zu sich, ferner Fische und Krebstiere." Archibald und Anderson (1977) nennen als wesentliche Winternahrung Rhizome von *Scirpus maritimus*.

Die Hauptursachen der sich verringernden Kopfgesamtzahl der Species und der Verkleinerung ihres Areals sind für alle ostpaläarktischen Kraniche dieselben: das Verschwinden der angestammten Lebensstätten als Ergebnis von Inanspruchnahme durch den Menschen: Trockenlegen und angeschlossenes Urbarmachen von Feuchtgebieten sowohl in den Brut- als auch Überwinterungsgebieten — den wesentlichen Nahrungsräumen. Immerhin wurden und werden in Japan bedeutende Unterstützungsaktionen für *G. vipio* (wie auch für *G. monacha* u. *G. japonensis*) unternommen. Analog wurden jüngst in Südkorea „feeding stations" eingerichtet.

Wanderungen

Zugvogel 1. Grades. Die hauptsächlichen Winterquartiere sind in Korea, durch das ein Teil der Vögel nach Kiushiu zieht, wo er zusammen mit *G. monacha* regelmäßig bei Arasaki überwintert. Ob reguläres Überwintern in China stattfindet, scheint fraglich.

Ausgewählte Daten: Korea (siehe Austin 1948). Kim und Oesting (1977) betonen, daß die Art hier gewöhnlicher Wintergast sei, obwohl heute die Kopfzahlen vergleichsweise geringer geworden sind. Gleichwohl dominiert *G. vipio* noch als überwinternder Kranich (vgl. Gore u. Won 1971; ibid. auch neuere Sichtnachweise). Er erscheint als erster Ende Oktober und im November im Norden (Provinz Kangwon Do), später ziehen viele nach Süden weiter. Fide Kuroda (1937) sammelten sich weiland tausende in der Provinz Chungchong Pukto. — Ein weiterer winterlicher Ballungsraum von *G. vipio* ist die Provinz Hwanghae Do; von hier aus werden nach Norden und Süden gerichtete Streifereien vollführt. Nicht jedoch tritt die Art als Wintergast im östlichen höheren Südkorea auf. Man begegnet ihr aber auf den Inseln Kojedo und Chejudo (Quelpart) (Kim u. Oesting 1977). Bevorzugte Aufenthaltsorte in Südkorea sind nach diesen Autoren die Changang-Ästuarien. Dort rasten einige 300 Vögel: 14. November 1973 314, 13. März 1974 350. Mit Beginn des Heimzuges übersteigt die Zahl schließlich erheblich die Ziffer der „ansässigen" — wahrscheinlich durch Zuzug aus anderen Räumen Südkoreas und bereits Japan. Am 22. März 1974 waren rund 1000 versammelt, am 4. April 110 übriggeblieben, am 18. April wurden nur noch 10 beobachtet. Im Winter 1974/75 sind insgesamt ca. 1500 Weißnackenkraniche in Korea registriert worden.

In Japan verbringen sie die kalte Jahreszeit ständig nur auf Kiushiu; bei Arasaki sammeln sich 200—400 (Check-list 1974). 1973 waren hier 282 (Archibald 1973). Für Sendai City (Kagoshima-Präfektur) publizierte Koga (1975) folgende Zahlen: 1927—40, 1929—100, 1936—158, 1939—469, 1947—25, 1950—28, 1955—25, 1960—60, 1965—129, 1970—257, 1971—287, 1972—401. Siehe auch bei Jahn (1942), Austin und Kuroda (1953), Taka-Tsukasa (1967), Walkinshaw (1973). Daneben sind wiederholt winterliche Begegnungen mit *G. vipio* auch von Hokkaido, Honshu, Shikoku, Tanegashima und den Riukius bekanntgeworden. Tsushima wird auf dem Zuge von Korea nach Japan angeflogen.

China — herkömmlicherweise wird formuliert, daß die Art auch in Südostchina überwintere, obwohl stützende Belege dafür, speziell aus gegenwärtiger Zeit, nicht zur Verfügung stehen. Die einzige Mitteilung Styans (1891) über ein Stück, das im Januar 1889 bei Shanghai gesammelt worden war, mag ebenso einen Irrgast betreffen wie der Februar-Vogel von Futschou (La Touche 1933) einer war. *G. vipio* hat das benachbarte Taiwan (Check-list 1974) besucht. Chengs (1976) Verbreitungskarte (p. 166) markiert dennoch 2 südostchinesische Winterquartiere: den Jangtse-Unterlauf (östl. 118° östl. L. bis zur Mündung) sowie den Unterlauf des Min und nordwärts reichende Küstenmarschen.

Die Hauptzugwege verlaufen wie folgt: 1. Die daurischen und mongolischen Brutvögel wandern durch Nordostmongolei, Innere Mongolei, Nordostchina zur Liaodung-Bucht (Zinchuandao) und von dort zur koreanischen Westküste. — 2. Die aus dem mittleren Amurland, möglicherweise auch die aus dem unteren Amurgebiet, vom Sungari, Ussuri und Chanka-Becken, ziehen direkt nach Süden, nach Korea. — 3. Die Kiushiu-Wintergäste erreichen Japan über die Korea-Straße (via Tsushima).

Hier einige Konkreta zum Zuggeschehen und Aufenthalt im Brutgebiet (Ziffern sind identisch mit den o. g. Richtungen): 1. Auf dem Heimzug in der Inneren Mongolei am Dalai-Nor und zwischen diesem und Kalgan angetroffen (PRSHEWALSKIJ 1873). Im Raum Darasun am 20. April 1868 bemerkt (TACZANOWSKI 1873), südlich davon (Tarej-Nor) am 19. April (RADDE 1863). Wegzug: Anfang September am Chalchin-Gol 1 Paar (TUGARINOW 1932; in dieser Arbeit wird die Species Japanischer Kranich genannt — vgl. Bemerkung unten —, obwohl zweifelsfrei von *G. vipio* die Rede ist). Bei Zinchuandao am 10. Oktober (LA TOUCHE 1933), Peitaiho am 8. und 9. Oktober Flüge von 20 bis zu hunderten Köpfen gen Süden (WILDER u. HUBBARD 1924), 1. November 1944 2 Exemplare, 25. Oktober 1945 30, 2. November 1945 4 (HEMMINGSEN u. GUILDAL 1968). — 2. Heimzug im Primorje — 28. März 1967 die frühesten 3 in der Tumannaja-Niederung, 1965 ebendort eine erste Staffel von 17 am 4. April, am 5. und 6. April des gleichen Jahres zusammen 30 Exemplare und weitere 2, 7. April 1 Vogel; während der kompletten 1965er Zugperiode wurden 51 protokolliert (SCHIBAJEW 1975). Bei Wladiwostok, auf der De-Vries-Halbinsel, zieht der Vogel nur selten; eine Gruppe von 4 wurde am 21. März 1958 bemerkt (OMELJKO 1976). An der Kedrowaja (Raum Primorskaja) wanderten etwa 25 am 25. März 1967, und am Chanka-Ostufer bei Spasowka zog 1 am 30. März 1961 (SCHIBAJEW 1975); an der Sungatscha beim Chanka flogen die ersten 10 am 28. März 1868, Hauptdurchzug in der ersten Aprilhälfte, 1869 Heimzug später — zeitigste zwar am 15. März (6 Ex.), danach lediglich am 11. April (13 — PRSHEWALSKIJ 1867—1869, Tagebuch). Ein auf dem Heimzug befindliches ad. ♀ wurde am 24. April bei Dshalautun (Mandschurei) gesammelt (MEISE 1934). Im Bureja-Tal Erstbeobachtung 1857 am 6. April (RADDE 1863).

Ausgewählte Wegzugdaten: Mittleres Amurgebiet — letzte Begegnungen bisher am 16. Oktober (1972, Uril-Ufer — DYMIN u. PANKIN 1975). Unteres Amurland — 21. und 22. September 1973 5 Stücke am Ewur, 13. Oktober 1975 11 bei Malyschev (75 km von Chabarowsk entfernt — ROSLJAKOW brfl. 1977). Südprimorje: Am Ostufer des Chanka-Sees (Lebedinoje-See-Gnilaja-Fluß) auf 12—15 km Marschroute 21 Weißnackenkraniche am 14. September 1975 gezählt, darunter 2 Jungvögel (KLESTOW brfl. 1977); Chanka-Südwestufer (Meljgunowka- [= Mo-]Tal) 6 wandernd am 1. November 1964 (NAZAROW fide SCHIBAJEW 1975), am 26. Oktober 1965 wenige Flüge von 7—15 Köpfen (NAZAROW brfl. 1977). Tumannaja-Niederung 1964 7 *G. vipio* am 18. Oktober, am 25. Oktober 18, 20 und nochmals 20, 2. November 10—15 Exemplare, vom 2.—4. November rasteten etwa 10 an den Lagunen im Tal und zogen nach kräftigem Schneefall weiter (SCHIBAJEW 1975).

Was Umherstreifereien von Nichtbrütern angeht, so war oben (siehe „Zur Verbreitung") schon angedeutet worden, daß sie sowohl in der Nähe von Brutplätzen als auch am Rande des Vorkommens stattfinden; solch weite Bewegungen wie von *G. grus*, *G. monacha* und *G. leucogeranus* bekannt vollführen Weißnackenkraniche höchstwahrscheinlich nicht. Allerdings wurden einige ziemlich weit nach Westen gehende Wanderungen nicht am Brutgeschäft teilnehmender Übersommerer (die zuweilen in Gesellschaft von *G. grus* nomadisieren) publik gemacht: 1. SATUNIN (1807) erwähnt 2 gesammelte Stücke (28. III. 1876 südl. von Lenkoran u. 17. III. 1892 bei Kumbaschi im Talysch.). 2. ZARUDNYJ (1910) berichtet von 2 Exemplaren, die aus einer 5köpfigen Staffel nahe Perowsk (= Kyzyl-Orda) am Syr Darja Ende April 1969 herausgeschossen worden waren; derselbe vermerkt (1916) einen in der Syr Darja-Niederung am Aralsee (Kamyshlybas) erbeuteten Vogel vom 23. Oktober 1913. Er schreibt weiter, nach Auskunft örtlicher Ansiedler habe sich ein Weißnackenkranich im Herbst 1912 am Aralsee in der Nähe eines Trupps *G. grus* aufgehalten und sei dann an der Menjschikow-Insel erlegt worden. 3. RUZSKIJ (1940) teilt mit, daß die Art im August 1927 südlich von Barabinsk am Ufer eines kleinen Steppensees aus einem Flug grauer Kraniche heraus gesammelt wurde. Schließlich ist SUSCHKIN (1914) zu entnehmen, daß im Sommer 1910 am Gagolj-See (Tuwa) ein ad. Stück aus einem kleinen Flug geschossen worden ist. TUGARINOW (1916) beschrieb eine Begegnung mit 1 Paar an einem Taigasee beim Paß Chaldan-Adshik (östl. Tannu-Ola). — Dazu ist noch grundsätzlich anzumerken: SUSCHKIN (1914) und TUGARINOW (1916) haben präzis darauf hingewiesen, daß diese Angaben *G. vipio* betreffen, den man seit der Ära PRSHEWALSKIJ „Japanischer Kranich" nannte. Dennoch fixierten Übersetzer und Redakteure beim Übertragen von SUSCHKINS Manuskript „Die Vögel des sowjetischen Altai" aus dem englischen Original den nach alter Gepflogenheit als japanischen Kranich bezeichneten *G. vipio* fälschlich als *G. japonensis*. Infolgedessen sind ab dem Erscheinen von SUSCHKINS Buch (1938) — in das beide Beobachtungen von *G. vipio* in Tuwa aufgenommen worden waren — diese Daten ungerechtfertigt dem Mandschurenkranich zugeschrieben worden. „Japanischer Kranich" des alten Rußlands meinte also *G. vipio*, heute gehört dieser Trivialname korrekt *G. japonensis*.

Bei Fragen zur Produktsicherheit wenden Sie sich bitte an:
If you have any questions regarding product safety,
please contact:

Walter de Gruyter GmbH
Genthiner Straße 13
10785 Berlin
productsafety@degruyterbrill.com